Leo Keller

HERCULES

MOTORRÄDER, DIE GESCHICHTE MACHTEN

Motor buch Verlag

Einbandgestaltung: Luis dos Santos

Bildnachweis: Die zur Illustration dieses Buches verwendeten Aufnahmen stammen – wenn nichts anderes vermerkt ist – aus den Archiven der Hersteller.

ISBN: 978-3-613-04409-8

1. Auflage 2021

Sie finden uns im Internet unter www.motorbuch-verlag.de

Lektorat: Joachim Köster
Innengestaltung: Jürgen Knopf, Medien und Print, 74321 Bietigheim
Druck und Bindung: Conzella, 85609 Aschheim-Dornach
Printed in Germany

VORWORT

Mancher Leser wird sich fragen, was »Hercules« und die »Zweirad Union«, so die Thematik dieses Buches, miteinander zu tun haben, einmal abgesehen davon, dass sie beide aus Nürnberg stammen. Nürnberg war viele Jahre neben Bielefeld eines der Zentren der deutschen Motorrad-Industrie und Mitte der 1950er Jahre produzierte dort noch fast ein Dutzend Hersteller mit klangvollen Namen von »Ardie« bis »Zündapp«.

Dabei sind die Verbindungen zwischen den beiden Marken vielfältig. »Hercules«-Gründer Carl Marschütz hatte in Neumarkt in der Oberpfalz eine Lehre in der Ofenfabrik von Josef Goldschmidt gemacht, den späteren »Express«-Werken. Während »Hercules« im Jahr 1886 als »Velocipedfabrik Carl Marschütz & Co« gegründet wurde, entstand die »Zweirad Union« erst 1958 aus einem Zusammenschluss der in wirtschaftliche Schwierigkeiten geratenen »Victoria«- und »Express«-Werke sowie der Motorradsparte von Auto Union (»DKW«). Es war die Zeit der großen Krise auf dem europäischen Motorradmarkt, als das Motorrad das Image eines »Arme Leute-Fahrzeugs« bekam und die Verkaufszahlen der Hersteller einbrachen.

Anders als viele deutsche Hersteller hatte sich »Hercules« jedoch nicht in die Produktion eines der skurrilen Kleinstwagen vom Schlage eines »Fend Flitzers«, »Zündapp Janus«, bei dem die Passagiere Rücken an Rücken saßen oder eben wie im Falle von »Victoria« des »Spatz« geflüchtet, sondern auf Mopeds und Kleinkrafträder mit 50 Kubik konzentriert, die bereits von 16-jährigen gefahren werden durften, während das Vierrad-Abenteuer einigen »Hercules«-Konkurrenten dramatische Verluste einbrachte.

Die 1958 gegründete »Zweirad Union« verfolgte die gleiche Strategie wie »Hercules« und bediente vorrangig den 50-ccm-Markt. Als »Fichtel & Sachs« 1965 die »Zweirad Union« übernahm, befanden sich die beiden ehemaligen Konkurrenten gemeinsam unter dem Dach der Schweinfurter Konzernmutter. Beide Marken produzierten nun im bisherigen »Zweirad Union«-Werk in der Nürnberger Nopitschstraße 70, ähnlich wie das heute auch bei »KTM« und »Husqvarna« der Fall ist, die im österreichischen Mattighofen ebenfalls auf den gleichen Bändern gebaut werden.

Dieses Buch erzählt die Geschichte von »Hercules«, der »Zweirad Union« und deren Nachfolgerin, der »Sachs Fahrzeug- und Motorentechnik«, bis zum Jahr 2008, als der Sachs-Schriftzug von den Tanks der mittlerweile in China gebauten Zweiräder verschwand. Dabei musste sich der Autor darauf beschränken, für die zahlreichen unterschiedlichen Mofa- und Mopedtypen insbesondere aus den 1960er und 1970er Jahren nur einige markante Modelle zu berücksichtigen, weil dies ansonsten den Umfang des Buches gesprengt hätte. Wenn »Hercules« auch früher oft als der »älteste noch produzierende Zweiradhersteller der Welt« bezeichnet wurde, will der Autor sich dieser Einschätzung nicht anschließen, zumal »Peugeot« sein erstes Fahrrad – ein Hochrad namens »Grand Bi« – bereits 1882 gebaut hat und »Peugeot Cycles« bis heute Fahrräder produziert.

Für die Unterstützung mit Rat und Tat möchte ich mich ganz besonders bei meinen langjährigen Freunden Heiner Brinkmann und Norbert Daum bedanken, aber auch bei Nicole Reidinger, einst Pressesprecherin der ehemaligen »Sachs Fahrzeug- und Motorentechnik« in Nürnberg sowie den Motorsportlegenden Heinz Brinkmann und Günther Dotterweich. Ohne deren Hilfe gäbe es dieses Buch nicht.

Köln, im Sommer 2021

Leo Keller

INHALT

Kapitel 1

DIE »NÜRNBERGER HERCULES-WERKE«

DIE ANFÄNGE ALS FAHRRADFABRIK

Die Geschichte von «Hercules» begann, wie bei so vielen anderen Motorradherstellern auch, mit dem Fahrrad. Carl Marschütz, der spätere Firmengründer, begeisterte sich schon in jugendlichem Alter für die damals neumodischen zweirädrigen Vehikel und machte seine Begeisterung später zu seinem Lebenswerk.

Carl Marschütz, geboren am 4. September 1863 im oberfränkischen Burghaslach, war der Sohn des dortigen Schulmeisters, der damaligen Bezeichnung für Lehrer an Dorfschulen. Seine Begeisterung für Fahrräder wurde entfacht, als er ein altes Holzfahrrad vom Typ »Drais« geschenkt bekam.

Nach der Realschule begann Marschütz eine kaufmännische Lehre bei Josef Goldschmidt, der in Neumarkt in der Oberpfalz eine Eisenwarenhandlung und Ofenfabrik betrieb. Als ein Engländer damals auf einem Hochrad auf dem Weg von London nach Wien durch Neumarkt kam, war Marschütz von der Technik so angetan, dass er sich für ein kleines Vermögen von 286 Mark ein englisches Howe-Hochrad kaufte. Das Darlehen dafür bekam er von seinem Lehrherrn Goldschmidt. Damit war der 19-jährige Marschütz der erste und einzige Fahrradfahrer in Neumarkt.

Schnell erkannte Marschütz, dass der hohe Preis für englische Fahrräder einer weiteren Verbreitung im Wege stand.

▲ *Carl Marschütz, am 4.9.1863 geboren, gründete 1886 die späteren Nürnberger Hercules-Werke. Er lebte nach der Emigration bis zu seinem Tode am 19.4.1957 in Los Angeles.*

▲ *1893 erfolgte der Umzug von der Bleichstraße in die Fürther Str. 61. Im Vordergrund die Trasse der Ludwigseisenbahn, wo 1835 das Eisenbahnzeitalter in Deutschland eingeläutet wurde.*

▲ *Hochradfahren war gefährlich – Marschütz setzte deshalb auf »Sicherheitsniederräder«. Ein solches Rad kostete 286 Mark, ein Arbeiter musste dafür 1890 insgesamt 950 Stunden arbeiten.*

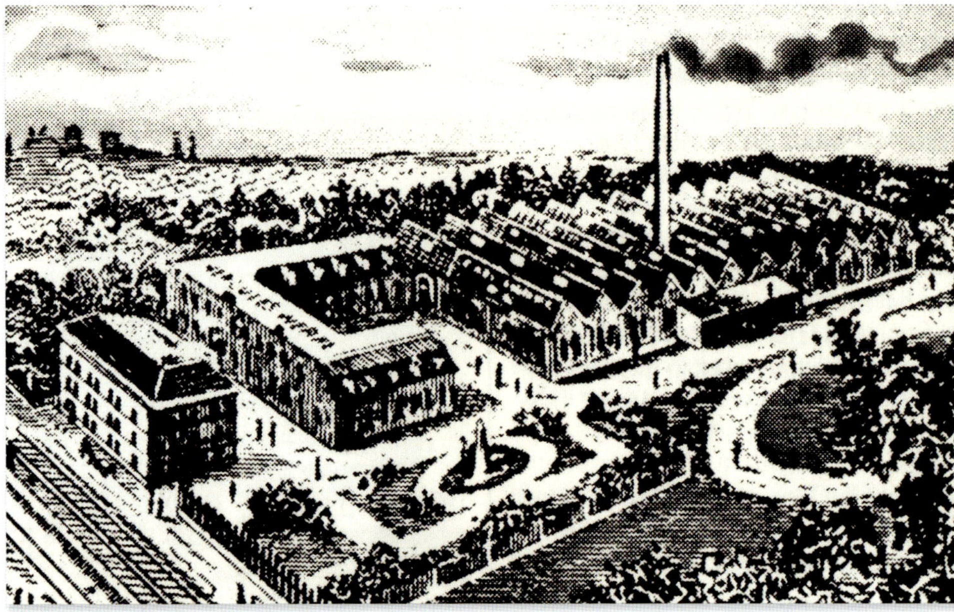

▲ *Wesentlich mehr Platz bot der Neubau in der Fürther Str. 191–193, wo bis 1966 Hercules-Fahrräder und Motorräder produziert wurden.*

Heute kann man es sich kaum noch vorstellen, wie die Arbeiter im Zeitalter der beginnenden Industrialisierung ihre Arbeitsstellen erreichten. Busse und Straßenbahnen gab es noch nicht, man war auf die Eisenbahn und lange Fußmärsche angewiesen. Ein erschwingliches Fahrrad würde das Leben der Berufstätigen damit ganz deutlich erleichtern, so die Vision von Marschütz.

Bei seinem Lehrherrn stieß er mit seiner Idee auf offene Ohren. Anfang 1884 startete Marschütz zusammen mit Josef Goldschmidt, dessen Bruder Adolf und dem Mechaniker Eduard Pirzer in Neumarkt eine Fahrradproduktion, die als »Velocipedfabrik Goldschmidt & Pirzer« firmierte und aus der die späteren »Neumarkter Express Werke« hervorgingen.

Bereits zwei Jahre später trennte sich Marschütz von Goldschmidt und gründete am 5. April 1886 in einer kleinen Werkstatt in der Nürnberger Bleichstraße seine eigene Fahrradfabrik, die »Velocipedfabrik Carl Marschütz & Co«. Gleichzeitig begann mit dem Bau von Hochrädern die Produktion. Mit einem derartigen Hochrad hatte sich Marschütz auch auf Italienfahrt begeben. Da es damals weder einen funktionierenden Rücktritt noch andere wirksame Bremsen gab, hatte sich Marschütz einen kleinen Baum ans Rad gebunden, den er als Bremse nachschleifte, so dass er wenigstens einigermaßen ungefährdet bergab fahren konnte.

Weil zufriedene Kunden Marschütz' robuste Fahrräder nach dem Halbgott aus der griechischen Mythologie »Hercules« benannten, änderte Marschütz schon ein Jahr nach Gründung den Firmennamen in »Nürnberger Velozipedfabrik Hercules – vormals Carl Marschütz & Co«. Wegen der guten Auftragslage waren die Firmenräume in der Bleichstraße bald zu klein und 1893 erfolgte der Umzug in angemietete Räume in der Fürther Straße 61, wo die Produktion von 400 auf 3600 Fahrräder gesteigert werden konnte. Aber auch die Fürther Straße 61 war nur eine Zwischenlösung, denn 1895 wurde der deutlich größere Neubau auf dem nunmehr eigenen Grundstück in der benachbarten Fürther Straße 191–193 bezogen. Die Fürther Straße war im 19. Jahrhundert eine bevorzugte Adresse für Industrieansiedlungen, weil die Straße gleichzeitig auch die Trasse der Ludwigseisenbahn war, auf der die legendäre Adler-Lokomotive am 7. Dezember 1835

▲ *1898 baute Marschütz das »Hercules-Velodrom«, eine überdachte Übungsstätte für Radfahrer und viele Jahre lang Nürnbergs größter Saalbau.*

▲ *Visionär – 1898 entstand die »Electro-Chaise«, ein elektrogetriebener Kutschwagen, 40 km/h schnell und mit einer Reichweite von 40 Kilometern.*

das Eisenbahnzeitalter in Deutschland eingeläutet hatte. Besonders beliebt war die Fürther Straße bei der Zweiradindustrie. Neben »Hercules« siedelten sich dort auch »Ardie« und »Triumph« an, aber auch andere berühmte Namen wie »AEG«, der Spielwarenhersteller »Schuco« oder später das Versandhaus »Quelle« firmierten zeitweilig in der Fürther Straße.

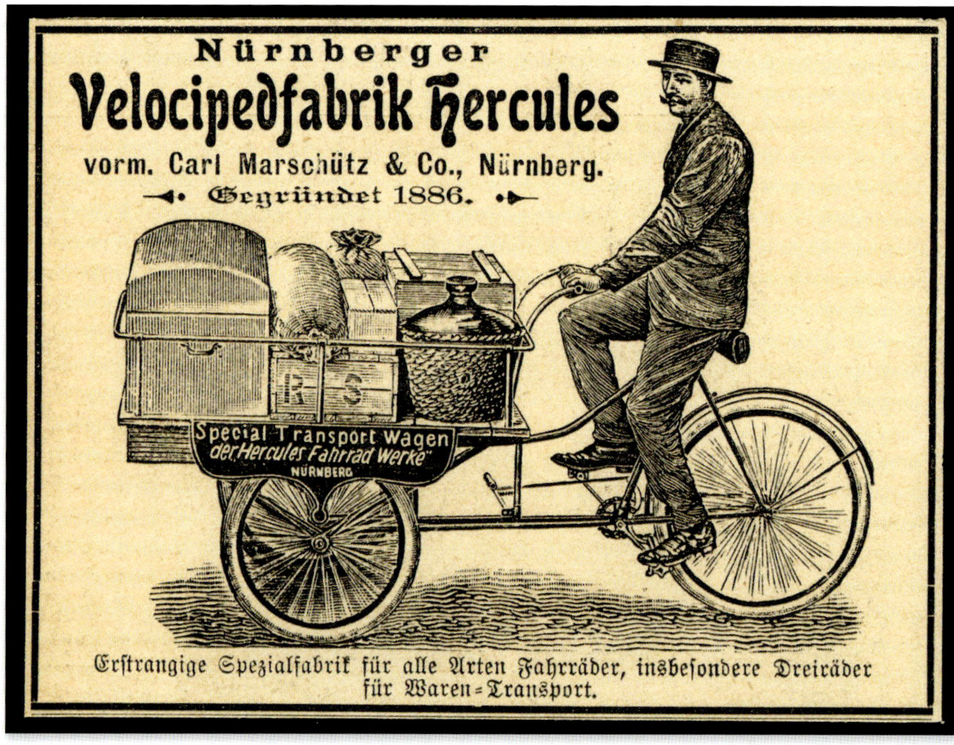

▲ *Dreiräder für den Waren-Transport waren Ende des vorletzten Jahrhunderts eine Spezialität der Nürnberger. Heute erleben Lastenfahrräder besonders in innerstädtischen Bereichen eine Renaissance.*

(Foto: Archiv Heiner Brinkmann)

Im Laufe der folgenden Jahre wurde Nürnberg zum Zentrum der deutschen Fahrradindustrie, selbst die führenden englischen Hersteller hatten dort Zweitwerke, z.B. »Triumph Cycle & Co Ltd«., dazu kam die Zubehörindustrie, die von der Nähe zu den Fabriken profitieren wollte. Auch »Hercules« war in den vergangenen Jahren stetig gewachsen. Die Maschinen – 1908 waren es über 200 – wurden durch Elektromotoren und Riementransmissionen angetrieben, für den Strom sorgte eine 180-PS-Dampfmaschine. Damit auch außerhalb der regulären Arbeitszeiten der Betrieb in einzelnen Abteilungen aufrechterhalten werden konnte, gab es zusätzlich Akkumulatoren für den Antrieb der Elektromotoren.

Zwar konnte sich damals mittlerweile jedermann ein Fahrrad kaufen, allerdings bedurfte es doch einiger Übung, um mit dem zweidimensionalen Gefährt sicher am Straßenverkehr teilnehmen zu können, wenn dieser auch noch überwiegend aus Pferdekutschen bestand. Ende des 19. Jahrhunderts benötigte man in Nürnberg dafür sogar einen »Fahrberechtigungsausweis«. Die Prüfung wurde von der Polizei auf einer Strecke zwischen Burg und Hauptmarkt abgenommen. Marschütz bot schon in den Anfangsjahren für seine Kunden eine Art »Fahrschule« auf dem Fabrikhof an, der aufgrund des Andrangs aber bald an seine Grenzen stieß. Offensichtlich müssen die Säulen auf dem Fabrikgelände eine magische Anziehungskraft auf die Velociped-Eleven gehabt haben, denn sie wurden aus Sicherheit mit dickem Filz gepolstert. 1898 errichtete Marschütz dann in der damaligen Treustraße auf dem Gelände des heutigen Schauspielhauses das »Hercules-Velodrom«, mit einer Fläche von 1600 Quadratmetern über viele Jahre hinweg Nürnbergs größter Saalbau. Aber schon nach einigen Jahren verlor das »Hercules-Velodrom« die Bedeutung für die Radfahrer der frühen Jahre und wurde gastronomisch genutzt. Auch nachdem Marschütz das Gebäude verkauft hatte, blieb es im Volksmund immer das »Hercules-Velodrom«. Gegen Ende des 1. Weltkrieges war hier die Kriegsvolksküche zur Versorgung der hungernden Bevölkerung untergebracht. Später wurden neben nationalen und internationalen Sportveranstaltungen auch Bierfeste und politische Großkundgebungen abgehalten. Das »Hercules-Velodrom« wurde 1944 bei einem Luftangriff auf Nürnberg zerstört.

▲ *Seit 1903 experimentierte Marschütz mit »Motor-Zweirädern«. Die ersten Modelle wurden noch von NSU-Motoren angetrieben, Ende 1904 wechselte man aber zu »Fafnir«-Motoren.*

Mit motorisierten Fahrzeugen experimentierte Marschütz schon Ende des vorletzten Jahrhunderts. 1898 baute er eine 4-sitzige »Electro-Chaise«, eine Art Kutschwagen ohne Pferde, 40 km/h schnell und mit einer Reichweite von 40 km. Die Akkus wurden über Nacht aufgeladen. Vor dem Hintergrund der aktuellen Diskussion um den Wechsel vom Verbrennungsmotor bei PKW auf den zumindest im eigentlichen Fahrbetrieb umweltschonenderen Elektroantrieb muss man die »Hercules-Chaise« schon fast als visionär bezeichnen, allerdings war der Umweltgedanke hier nicht die treibende Kraft, da der Verbrennungsmotor damals noch in den Kinderschuhen steckte. Dazu betätigte sich »Hercules« auch als Zulieferer für die Elektroindustrie, um nicht ausschließlich vom saisonabhängigen Fahrradmarkt abhängig zu sein. Von daher bot sich ein Elektromobil an, weil »Hercules« über die entsprechenden geschäftlichen Beziehungen verfügte. Der Elektro-Chaise folgten ab 1902 kleinere ebenfalls durch Elektromotor angetriebene Lastwagen, die aufgrund der 1900 erfolgten erneuten Umbenennung in »Nürnberger Hercules Werke AG« das Markenzeichen »NHW« trugen. Es handelt sich dabei um das gleiche »N«, das man heute noch von den LKW-Herstellern FAUN (Fahrzeugfabrik Ansbach und Nürnberg) oder MAN (Maschinenfabrik Augsburg-Nürnberg) kennt.

DAS ERSTE »HERCULES« -MOTORRAD

Als kurz vor der Jahrhundertwende die ersten Motorräder über die Straßen knatterten, befasste sich auch Marschütz mit der Thematik, allerdings dauerte es noch bis 1903, bevor erstmals ein Fahrzeug mit Verbrennungsmotor seine Runden auf dem Fabrikhof in der Fürther Straße drehte. Im Rahmendreieck eines stabil ausgelegten Fahrrades mit Ballonreifen saß der Motor, der über einen Lederriemen das Hinterrad antrieb, so wie das seinerzeit auch von den anderen Herstellern

▲ *Auch 1906 wurden »Fafnir«-Motoren mit 2½ und 3 PS eingebaut. Interessant sind die unterschiedlichen Schreibweisen »Hercules« auf dem Tank und »Herkules« auf dem zugelieferten Motor.* (Foto: Archiv Heiner Brinkmann)

praktiziert wurde. Ab 1904 baute Marschütz sein Motorrad in Serie. In der Literatur ist die Rede davon, dass wahlweise belgische »FN«-Motoren oder »Fafnir«-Triebwerke aus Aachen zum Einbau kamen, die etwa 4,5 PS leisteten. Dies ist jedoch zweifelhaft, wenn man dem Markenexperten Heiner Brinkmann folgt. Wahrscheinlicher ist es, dass die ersten »Hercules«-Motorräder von »NSU«-Motoren angetrieben wurden, so wie das auch bei anderen deutschen Marken üblich war.

»Fafnir«-Motoren wurden vermutlich ab Ende 1904, nachweislich spätestens 1906 eingebaut, wie es sich aus einem »Hercules-Fahrradkatalog« aus dem gleichen Jahr ergibt. Das »Motor-Zweirad« für die Saison 1906, so die damalige Beschreibung, »stellt den Typus des modernsten Motor-Zweirades dar. Die Maschine hat einen niedrigen, langgestreckten Rahmenbau, die Vorderradgabel hat zwei ovale Verlängerungsscheiden, praktisch angeordnete Regulierhebel und eine vorzüglich wirkende Hinterrad-Bandbremse, bei deren Benützung gleichzeitig der Motor ausgeschaltet und das Rad unter allen Umständen gebremst wird«. Die Motorräder waren sowohl mit 2 ½ als auch gegen 50 Mark Aufpreis mit 3 HP

▲ *Ein »Fafnir«-Motor von ca. 1905, wie er bei vielen unterschiedlichen Marken genutzt wurde.*

(horsepower/Pferdestärken) starkem »Fafnir«-Motor erhältlich, wahlweise mit elektromagnetischer Zündung oder mit Batteriezündung.

»NSU« aus dem nordbadischen Neckarsulm baute bereits seit 1901 Motorräder, anfangs noch mit einem Schweizer »Zedel«-Motor, ab 1903 dann mit eigenen NSU-Motoren, die ohne Firmenemblem auch an andere Hersteller verkauft wurden und so vermutlich auch bei »Hercules« bei den ersten Modellen zum Einbau kamen.

Ebenfalls 1901 hatte der Waffenhersteller FN (Fabrique Nationale) im belgischen Herstal in der Nähe von Lüttich sein erstes Motorrad gebaut. Nur 60 Kilometer weiter östlich in Aachen arbeitete man zu dieser Zeit auch an Motoren für Motorräder und Automobile. Seit dem 18. Jahrhundert war die Nadelindustrie neben der Tuchindustrie eines der Aushängeschilder der alten Kaiserstadt. Als das Fahrrad Ende des 19. Jahrhunderts an Bedeutung gewann, produzierte die Nadelfabrik »Carl Schwanemeyer« neben Nadeln auch Fahrradspeichen, verlegte sich dann aber auf die Fertigung von Einbaumotoren, die ab 1902 unter dem Namen »Fafnir«, dem Drachen aus der Nibelungensage, verkauft wurden. Während »Fafnir« später bis 1926 Jahre auch selbst Autos baute, wurden die Motorradmotoren nur an Konfektionäre wie »Hercules« oder »Victoria« verkauft.

Weil die Motorentechnik damals jedoch noch nicht ausgereift war und es an der nötigen Zuverlässigkeit mangelte, um bei Kunden für größere Akzeptanz zu sorgen, gab »Hercules« den Motorradbau 1908 wieder auf. Genaue Produktionszahlen sind nicht bekannt, folgt man aber der Literatur (Daum/Reinwald, »Hercules«-Motorräder, 2005), dürften damals zwischen 500 und maximal 1000 »Hercules«-Motoräder gebaut worden sein. Zwar taucht gerüchteweise gelegentlich eine dieser »Ur-Hercules« irgendwo auf, aber ein Beleg dafür, dass es sich tatsächlich um eine Nürnberger »Hercules« aus den Anfangsjahren handelte, wurde in keinem Fall erbracht. Nach Einschätzung von Experten dürfte heute keine dieser frühen »Hercules« mehr existieren. Auch werden von Zeit zu Zeit Teile einer »Ur-Hercules« angeboten, allerdings wurde auch hier in keinem Fall der entsprechende Nachweis der Originalität erbracht. Teilweise konnten die Teile sogar anderen Herstellern zugeordnet werden. Nicht ausgeschlossen ist je-

▲ *Nach Einstellung der Motorradfertigung nahm Hercules neben dem Fahrradbau auch Isolierrohre und Verteilerdosen für die Elektroindustrie (Bild), aber auch Stauferbuchsen, Schraubenschlüssel oder Fahrrad-Doppellenker ins Sortiment.*

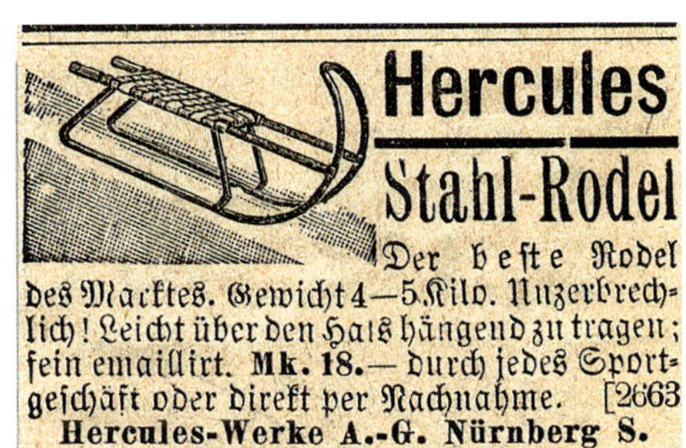

▲ *»Der beste Rodel des Marktes« – Hercules war Spezialist für alles, was aus Rohren gefertigt werden konnte.*

▲ *Die Stiefelputzmaschine von 1908 gehört zu den Kuriositäten, aber zur Arbeitsbeschaffung in schlechten Zeiten waren die Franken mehr als findig.*

▲ *Ableger der Fahrradproduktion war neben Lastendreirädern und Rikschas auch dieses zweispurige Veloziped zum Krankentransport von 1910.*

doch, dass »Hercules« in den ersten Jahren Motorräder anderer Hersteller mit »Hercules«-Schriftzug versehen verkauft hat – heute kennt man das als »Badge Engineering«, wobei sich die technische Leistung auf das Anbringen des eigenen Firmenzeichens (»Badge«) auf ein zugekauftes Fremdprodukt beschränkt. Unterlagen über die frühe Zeit gibt es jedenfalls nicht mehr, weil das frühere »Hercules«-Archiv bei einem Bombenangriff im Zweiten Weltkrieg vernichtet wurde.

Einen eigenen Motor hat »Hercules« nie gebaut, dem Prinzip der Einbaumotoren von Fremdherstellern ist »Hercules« immer treu geblieben, so dass die Entwicklungs- und Fertigungskapazitäten auf das Fahrgestell konzentriert werden konnten.

Nach Einstellung der Motorradproduktion stellte man Isolierrohre und Verteilerdosen für die Elektroindustrie her, zu der man nach wie vor gute Geschäftsbeziehungen pflegte, ebenso Stiefelputzmaschinen, Kinderschlitten oder Rohrmöbel für Krankenhäuser. Sogar die Säbel des Nürnberger Chevaulegers-Regiments »Kaiser Nikolaus II. von Russland« aus der benachbarten Bärenschanzstraße wurden bei »Hercules« in der Fürther Straße geschliffen.

Haupterwerbszweig waren aber nach wie vor die Fahrräder.

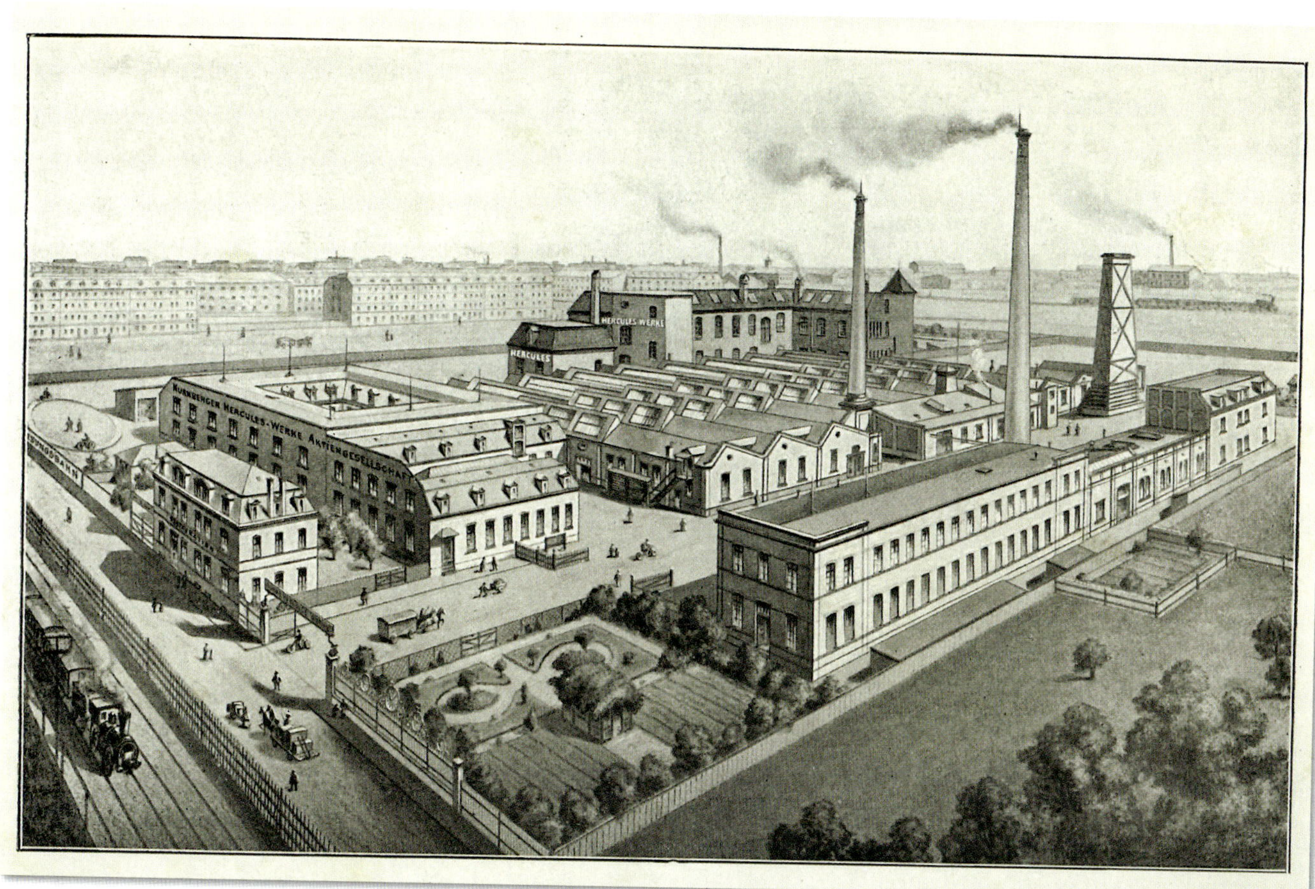

▲ *Das expandierende Werk um 1910. Am linken Bildrand ist die ovale Übungsbahn für Zweirad-Novizen zu erkennen.*

DIE LKW-PRODUKTION

Nach Einstellung der Motorradproduktion suchte sich »Hercules« ein neues Geschäftsfeld im Bereich motorgetriebener Fahrzeuge. Wann genau der erste LKW mit Verbrennungsmotor das Werk verließ, steht nicht genau fest. Gesichert dürfte jedoch sein, dass noch für eine kurze Zeit bis etwa 1908 sowohl Fahrzeuge mit Elektro- als auch mit Verbrennungsmotor parallel gebaut wurden. 1914/1915 mussten die Produktionsflächen durch einen Neubau in der benachbarten Adam-Klein-Straße erweitert werden. Bis etwa 1926 bauten die »Nürnberger Hercules-Werke« die unterschiedlichsten Typen vom Pritschenwagen bis zum Omnibus.

▲ *»NHW«-Pritschen-LKW, ca. 1908.*

Der erste LKW war ein leichter Lastwagen mit 1250 Kilogramm Nutzlast, der von einem Zweizylinder mit 14 PS angetrieben wurde. Größere Modelle bis zu 5 Tonnen Nutzlast folgten und der LKW-Bau wurde zu einem wichtigen Zweig des Unternehmens. Sechs unterschiedliche Modelle vom Anderthalbtonner bis hin zum Fünftonner waren 1916 mit nicht weniger als 36 unterschiedlichen Aufbauvarianten vom Pritschenwagen über Großraumkrankenwagen bis zum Omnibus lieferbar. Insbesondere die Sanitätsfahrzeuge hatten ihren Grund im damals tobenden 1. Weltkrieg.

▶ *Der LKW-Prospekt von 1911 präsentierte zahlreiche unterschiedliche Varianten vom einfachen Pritschenwagen über einen Leiterwagen der Feuerwehr bis hin zum Gesellschaftswagen für Ausflugsfahrten.* (Foto: Archiv Heiner Brinkmann)

Ein Kuriosum am Rande: als die Wirtschaft nach dem 1. Weltkrieg am Boden lag, prägte »Hercules« sogar eigene Münzen. Mit diesem Notgeld wurden damals die »Hercules«-Mitarbeiter bezahlt.

▲ *Eine zeitgenössische LKW-Werbung von etwa 1909. Damals reichte ein 2-Zylinder-Motor mit 14 PS. Die Vollgummibereifung war nicht so anfällig vor den allgegenwärtigen Hufnägeln der Pferdegespanne wie Luftbereifung.* (Foto: Archiv Heiner Brinkmann)

▲ *Von einem 26 PS starken Vierzylinder-Motor mit drei Litern Hubraum wurde der 20 km/h schnelle Feuerwehrwagen von 1911 angetrieben. Die Signalhupe kostete 1911 15 Mark Aufpreis, der Suchscheinwerfer für Hausnummern 25 Mark.* (Foto: Archiv Heiner Brinkmann)

▲ *Der Anderthalb-Tonner Kastenwagen mit »Riesenluftreifen« von 1922 mutet heute recht archaisch an.*

▶ *Dieser Großraumkrankenwagen von 1914 verdeutlicht die Schrecken des 1. Weltkrieges, wenn auch die »Verwundeten« auf dem Foto nur Komparsen sind.*

DAS MOTORRAD BOOMT – NUN AUCH BEI »HERCULES«

In den frühen 1920er Jahre boomte das Motorrad und in Nürnberg schossen neue Marken von »Abako« bis »Ziejanü« quasi wie Pilze aus dem Boden, um aber schon bald wieder in Vergessenheit zu geraten. Über 40 Motorradhersteller gab es damals im Raum Nürnberg. Nur die großen Hersteller wie »Ardie«, »Triumph« oder »Zündapp« konnten sich aber etablieren, zumindest bis zur großen Motorradkrise in der zweiten Hälfte der 1950er Jahre. Heute existiert keine dieser Marken mehr als Motorradhersteller in Nürnberg. Lediglich »Triumph« und »Adler«, die 1958 fusionierten und sich auf Büromaschinen spezialisierten, gibt es heute noch als zur Kyocera-Gruppe gehörende »TA Triumph-Adler GmbH« mit Sitz im Nürnberger Süden.

▲ *Größte Wirtschaftlichkeit und vorzügliche Straßenlage versprach »Hercules« für den dreirädrigen Motorradwagen mit Heckantrieb. Für Komfort sorgten ein abrollbares Verdeck und zwei »erstklassige Scheinwerfer«. Einen Kilometerzähler gab es aber nur gegen Aufpreis (1933).*

»Hercules« machte den neuen Trend anfangs nicht mit, zu schlecht waren offensichtlich die Erfahrungen von Carl Marschütz mit dem ersten »Hercules«-Motorrad gewesen.

Erst als Carl Marschütz und sein Bruder Heinrich, der für die kaufmännische Seite verantwortlich war, die LKW-Produktion 1926 einstellten – die Gründe mögen darin gelegen haben, dass die Konkurrenten wie MAN, die seit 1916 ebenfalls in Nürnberg LKW bauten, rationeller fertigen konnten –, wandte sich nun auch »Hercules« wieder der Motorradfertigung zu, diesmal aber mit deutlich mehr Erfolg als 1904. Wie auch schon in den ersten Jahren blieb »Hercules« ein Konfektionär, d.h., man konzentrierte sich ausschließlich auf die Entwicklung von Fahrgestellen. Die Motoren wurden bei zahlreichen Herstellern im In- und Ausland wie JAP, Villiers, Sturmey-Archer, Columbus oder ab 1930 auch von Fichtel & Sachs zugekauft, um nur einige Fabrikate zu nennen.

Nach Einstellung der LKW-Produktion gab es 1933 nochmals ein Auto, auch wenn es recht schlicht konstruiert wurde und »Motorradwagen« hieß. Das dreirädrige Gefährt wurde von einem JLO-Motor mit 5,5 PS angetrieben und war 50 km/h schnell. Wegen des 200-Kubik-Motors war es sogar steuer- und führerscheinfrei.

Über 15 verschiedene Modelle mit Zwei- und Viertaktmotoren unterschiedlicher Hersteller von 75 cm³ bis 500 cm³ standen Anfang der 1930er Jahre im »Hercules«-Programm.

Einen besonders guten Kontakt pflegte man seit jeher zu »Fichtel & Sachs« im benachbarten Schweinfurt, wo man 1903 mit der Erfindung der Torpedo-Freilaufnabe für Furore auf dem Fahrradsektor gesorgt hatte.

▲ *Motorradmontage und Endkontrolle (1929).*

▲ *Steuer- und führerscheinfrei war die 5 PS starke K 200 mit JAP-Motor, die von 1928 bis 1933 gebaut wurde. Anfangs waren der Acetylenscheinwerfer und das Signalhorn nur auf Wunsch erhältlich.*

▲ *Als »Sportmodell« pries »Hercules« die »HJ 500 o.h.v.« an, was für Hercules mit englischem JAP-Motor mit obenliegenden Ventilen (over head valves) stand. »Ein Meisterwerk moderner Motorradtechnik«, so der zeitgenössische Prospekt von 1931/1932.*

◀ *Neben der seitengesteuerten K 200 s.v. (side valves), als »Tourenmaschine« beworben, gab es das gleiche Modell von 1930 bis 1933 auch mit 8,5 PS starkem o.h.v.-JAP-Motor als »Sport-Maschine«. Nur 1930 hingegen war die K 200 o.h.v. wahlweise mit Schweizer »Moser«-Motor erhältlich.*

▲ *Das Motorfahrrad »MF 74 Liliput« stand am Anfang einer Ära. Es wurde vom ersten 74 Kubik großen und 1,25 PS starken Sachs-Motor angetrieben. »Radfahren ohne Treten« war schon vor 90 Jahren verlockend. Die »Liliput« gab es von 1930 bis 1934 in unterschiedlichen Rahmenhöhen und sogar in einer Damenausführung.*

▲ *Nur etwa 110 Mal gebaut wurde die SS 500 mit 20 PS starkem ohv-Motor von Sturmey Archer (1931/1932).*

▲ *Die 175 ccm ohv Sport war unterhalb der 200er angesiedelt und wie diese ebenfalls steuer- und führerscheinfrei. Größtmögliche Leistung, immerhin 6,5 PS, bei geringen Betriebskosten und niedrigem Anschaffungspreis standen im Vordergrund (1933).*

▲ *Die »500 ccm Touren« mit 14 PS starkem s.v.-Bark-Motor war die stärkste und schwerste Maschine im Hercules-Programm. Mit einem Seitenwagen und Soziussitz war sie für drei Personen geeignet (1933).*

»Fichtel & Sachs« hatte einen 74- und einen 98-cm³-Motor im Angebot, ca. 10 kg schwer und mit einer Leistung von 1,5 bzw. 2 PS, gut geeignet zum Einbau in einen stabilen Fahrrad-Rahmen. Eine neue Kategorie von Fahrzeug war entstanden: das MoFa (Motorfahrrad), im Volksmund heute gelegentlich noch »Hermännchen« genannt. Für diese Bezeichnung gibt es mehrere Erklärungen, die wahrscheinlichste ist aber diese: als absehbar war, dass der KdF-Wagen (ein von der Nazi-Organisation »Kraft durch Freude« geplanter Volkswagen, der nach dem Krieg als VW Käfer legendär wurde) für Rüstungsprojekte zurückstehen musste, wurden die deutschen Zweiradhersteller durch den Schell-Plan, einem wirtschaftspolitischen Programm, das die deutsche Motorrad- und Automobilfertigung vereinheitlichen sollte, verpflichtet, ein erschwingliches und sparsames Motorrad zu bauen, das von einem 98-Kubik-Sachs-Motor angetrieben wurde. Bei der Präsentation saß der schwergewichtige Reichsmarschall Hermann Göring auf einem dieser »Volksmotorräder«, was bei der Pressevorstellung für Schmunzeln gesorgt haben soll. Der Name »Hermännchen« war geboren.

▲ *Die seitengesteuerte »HJ 500 s.v.« leistete 15 PS, entsprach aber ansonsten der 5 PS stärkeren »HJ 500 o.h.v.« (1932).*

▲ *Nur etwa 40 Stück wurden von der »K 500« mit »Küchen-Motor« gebaut. Richard Küchen baute in Heilbronn eigene Motoren, bevor er ab Mitte der 1930er Jahre bei verschiedenen Herstellern wie »Triumph«, »Victoria« oder »Zündapp« arbeitete (1933–1934).*

▲ *Die T 150 mit englischem 150-Kubik-Villiers-Zweitakter leistete 5 PS und war damit nur 2 PS stärker als die 10 Kilo leichtere Version mit 100 Kubik-Sachs-Motor (1932–1933).*

▲ *Auch die T 200 wurde von einem Villiers-Motor angetrieben, der über einen Dynastarter angelassen wurde. Dabei fungiert die Lichtmaschine zunächst als elektrischer Anlasser, im Fahrbetrieb dann als Generator zur Stromerzeugung (1934).*

◀ *Wahlweise mit 500 Kubik-Küchen- oder JAP s.v.-Motoren war das 14 PS starke Gespann für 1260 Reichsmark erhältlich. Damit konnten 1933 drei Personen komfortabel befördert werden.*

▲ *Wie heute war auch schon 1933 »billiger und wirtschaftlicher« das Gebot der Zeit, so die zeitgenössische Werbung für die neuen Leichtmotorräder.*

Die 345 Reichsmark teure führerschein- und steuerfreie »Hercules« und ähnliche Fahrzeuge anderer Hersteller lösten damals eine regelrechte Motorisierungswelle aus.

Dass es sich dabei nicht nur um »Fahrräder mit Rückenwind« handelte, bewiesen die Schwestern Anne und Maria Lenz, die mit ihren beiden »Hercules« MoFas die Schweizer Alpenpässe Klausen, Gotthard, Furka und Grimsel »ohne Mittreten« bewältigten. Als die Fachpresse dies anzweifelte, organisierte »Fichtel & Sachs« eine Testfahrt über 1000 km und 14 Pässe. Motto: »Mit Zwergen gegen Riesen« – danach waren alle Zweifel ausgeräumt.

▲ *Anne und Maria Lenz mit ihren 98ern bezwangen vier Schweizer Alpenpässe »ohne Mittreten«.*

▲ *Das waren noch Zeiten – im Bordwerkzeug der soziustauglichen T 100 mit 98-Kubik-Sachs-Motor fand sich neben reichlich Werkzeug auch eine Fettpresse und eine Luftpumpe, sicherlich angebracht bei den damaligen Straßenverhältnissen (1934–1938).*

1938 präsentierte Fichtel & Sachs einen neuen Motor: den Saxonette. Dabei handelte es sich um einen 60 Kubik großen Zweitaktmotor, der zusammen mit einer Sachs-Torpedo-Freilaufnabe in das Hinterrad eines normalen Fahrrades integriert war. Mit dem nur knapp 15 Kilo wiegenden Hinterrad konnten zahlreiche Fahrräder motorisiert werden. Die Leistung von 1,2 PS war für eine Geschwindigkeit von 30 km/h ausreichend. Sogar auf den fahrradüblichen Dynamo konnte man nun verzichten, weil der Magnetzünder gleichzeitig auch den Strom für die Fahrradbeleuchtung lieferte.

▲ *8,5 PS leistete die »B 50« mit 200-Kubik-Bark-Motor, die von 1932 bis 1934 gebaut wurde.*

▲ *Als »Geländesportmaschine« wurde die »S 35/4« mit 16 PS starkem 350 ccm o.h.v.-Bark-Motor angepriesen, die auch für anspruchsvolles Gelände geeignet war (1935–1937). 2 PS weniger leistete eine ähnlich konzipierte Tourenmaschine mit Halbliter-s.v.-Bark-Motor.*

▲ *Jubiläumsprospekt »50 Jahre Erfahrung im Fahrzeugbau« (1936).*

▲ *Mit Zwergen gegen Riesen – Sachs organisierte eine Testfahrt über 1000 Kilometer und 14 Alpenpässe. Die 98-Kubik-Zwerge schlugen sich dabei hervorragend.*

Zu einem Durchbruch kam es damals allerdings nicht mehr, weil 1939 der 2. Weltkrieg ausbrach und die zivile Fertigung zurück gefahren werden musste. Noch heute gibt es übrigens Zweiräder mit dem klingenden Namen »Saxonette«, wobei dies nun E-Bikes des »Hercules«-Nachfolgers »SFM Bikes Distribution« sind.

◀ Nur 1935 wurde die S 200 gebaut, wahlweise mit JAP- oder Bark-Motor, beide jeweils 8,5 PS stark.

◀ Etwa 10.000 Exemplare der »MF 100 Liliput« wurden zwischen 1933 und 1939 gebaut. Der 98-Kubik-Sachs-Motor leistete 2¼ PS, die »MF 100« war die meistverkaufte »Hercules« in jener Zeit.

◀ Von 1935 bis 1938 wurde die S 204 wahlweise mit 200 Kubik JAP- oder Columbus-Motor gebaut, die 8,5 PS leisteten. Columbus war ein Motorenhersteller im hessischen Oberursel, der 1925 mit »Horex« fusionierte, aber weiterhin Motoren für Konfektionäre wie »Hercules« lieferte.

▲ Saxonette-Prospekt von 1938. Die Saxonette ist ein 60 Kubik großer und 1,2 PS starker Zweitakter. Getriebe, Freilaufnabe und Felge bilden eine Einheit, mit der ein stabiles Fahrrad motorisiert werden kann.

▶ Die »Hercules-Saxonette« erschien 1938 und war als reines Herrenrad oder mit sog. Kreuzrahmen erhältlich. Mit Ausbruch des Krieges wurde die Produktion eingestellt. Ein Revival erlebte die Hercules-Saxonette als 30 Kubik Leicht-Mofa in den 1990er Jahren.

HERCULES

TECHNISCHE EINZELHEITEN DER HERCULES-SAXONETTE

Motor: Saxonette Zweitakt-Motor, 45 mm Bohrung, 38 mm Hub, 60 ccm Zylinder-Inhalt; Verdichtungsverhältnis: 1 : 6; Motorleistung 1,2 PS, mit Schwungradmagnet und Lichtspule für 5 Watt-Beleuchtung.

Vergaser: Ein F & S-Kolbenschieber-Vergaser, mit Brennstoffeinspritzpumpe.

Rahmen: Die Hercules-Saxonette wird in zwei Ausführungen geliefert:
1. verstärkter Hercules-Ballon-Herrenrahmen
2. Kreuzrahmen für Herren oder Damen.

Federgabel: Serienmäßig, neueste Gummifedergabel.

Gepäckträger: Kräftige Form mit Federung.

Räder: Aluminiumfarbige Stahlfelgen mit verstärkten Ballonreifen 26X2,00", besonders starke Speichen.

Bremsnaben: Vorderrad: Trommelbremsnabe mit Bowdenzug, Hinterrad: Torpedo-Freilaufbremsnabe, als Kern des Motors.

Tretlager: Leicht laufendes Glockenlager, mit Gummiklotzpedale.

Schutzbleche: Besonders breit; Vorderradschutzblech mit Nummerntafel; Hinterradschutzblech mit Rücklicht (ohne Nummerntafel).

Radständer: Kräftiger, aufklappbarer Mittelradständer.

Sattel: Besonders bequemer Elastic-Sattel, auf Wunsch Schwingfedersattel gegen Aufpreis.

Werkzeugtasche: Aus Leder, mit notwendigen Werkzeugen.

Lenkstange: Schöne, neudeutsche Lenkerform, mit Drehgasgriff und Blindgriff, Ballhupe.

Tank: Beim Herrenrad auf dem Hinterradschutzblech, beim Kreuzrahmenrad im Rohrrahmen, ca. 2,3 Ltr. Inhalt, ausreichend für 150 km. Brennstoffgemisch 1 : 20.

Ausstattung: Serienmäßig olivgrün emailliert mit farbigen Linien.

Gewicht: 40 kg einschließlich Betriebsstoff.

PREIS: . . . . RM **258.–**

Aufpreise:

Schwingfedersattel . . . . RM **3.50**

Kraftfahrzeugbrief . . . . RM **1.–**

SAXONETTE

NÜRNBERGER HERCULES-WERKE-A·G·NÜRNBERG-W.

Koch & Co., Nürnberg

Obwohl in Nazi-Deutschland eigentlich keine ausländischen Motoren mehr verwendet werden durften, gab es die 3,2 PS starke V-120 bis 1939 neben einem JLO-Motor im Hinblick auf den Export auch mit einem englischen Villiers-Triebwerk.

In einer Herren- und Damenausführung war die »MF 2« erhältlich, die 1939 die MF 100 ablöste. Wegen des Kriegsausbruchs wurde die Produktion aber 1940 eingestellt.

Die »S 125« erschien 1939 und löste die »T 100« mit Sachs-Motor ab. Nach etwa 700 Fahrzeugen wurde die Produktion Anfang 1940 kriegsbedingt eingestellt.

▲ *Verkaufsprospekt für die letzte Vorkriegs-Hercules, die 3,5 PS starke und 70 km/h schnelle »S 125«.*

HERCULES IN DER ZEIT DES NATIONALSOZIALISMUS

Aufgrund des bereits erwähnten Schell-Plans baute »Hercules« in den späten 1930er Jahren nur noch Motorfahrräder und leichte Krafträder mit 100 und 125 Kubik. Das letzte Modell war die »S 125« mit 3,5 PS-Sachs-Motor, die im August 1939 erstmals ausgeliefert wurde, nachdem die Hunderter bereits im Frühjahr 1939 ausgelaufen war.

Schon kurz der Machtergreifung der Nationalsozialisten im Januar 1933 begann die sog. »Arisierung« jüdischer Betriebe, die zwei Jahre später in den »Nürnberger Rassengesetzen« mündete. Juden wurden damals systematisch aus Handel, Gewerbe oder Wissenschaft gedrängt. Obwohl auch Carl Marschütz Jude war, blieb »Hercules« zunächst noch einigermaßen unbehelligt. Um sein Lebenswerk zu retten, ergriff Marschütz sogar selbst die Initiative, um »Hercules« in einen »arischen Betrieb« umzuwandeln und organisierte den Verkauf der Aktienmehrheit. Das Ganze ging am 27. August

▲ *Blick in die Milchkannenproduktion.* (Foto: Dr. C. Soldan).

1938 nach außen hin recht geräuschlos über die Bühne, als auf einer »außerordentlichen Generalversammlung« Carl Marschütz und sein Bruder Heinrich sowie Kommerzienrat Adolf Goldschmidt aus dem Aufsichtsrat ausschieden und zum gleichen Zeitpunkt die Marschütz-Söhne Ernst und Fritz ihre Vorstandsposten aufgaben. Direktor Konrad Schmidt, bisher kaufmännischer Direktor beim Nürnberger Motorradhersteller »Ardie«, wurde zum alleinigen Vorstand bestellt. So »seriös«, wie sich das im Geschäftsbericht liest, war es allerdings nicht, weil Marschütz zur damaligen Zeit nie eine echte Alternative hatte, wenn er der Enteignung entgehen wollte.

Während die Marschütz-Söhne nach Dänemark und Amerika ins Exil gingen, hielt es Carl Marschütz zunächst noch in seiner geliebten Heimat, allerdings emigrierte auch er notgedrungen im Sommer 1941 und fand in Los Angeles ein neues Zuhause, wo er am 19.4.1957 im Alter von 94 Jahren verstarb. Seinem Wunsch entsprechend fand er auf dem Neuen jüdischen Friedhof in Nürnberg seine letzte Ruhestätte neben seiner schon früh verstorbenen Frau Adele.

1940 wurde die Produktion der »S 125« beendet, 1943 wurde die zivile Fertigung dann ganz eingestellt. Während »Zündapp« in Nürnberg, Anfang der 1920er Jahre aus einem Rüstungsbetrieb entstanden (»Zünder- und Apparatebau«), beispielsweise mit dem schweren Beiwagenkrad KS 750 oder dem Sprengpanzer »Goliath« größere Rüstungsaufträge erhielt oder »Victoria« den »Riedel-Anlasser« für das Strahltriebwerk der ME 262, dem ersten in Serie gebauten Düsenjäger, baute, erhielt zwar auch »Hercules« Rüstungsaufträge, allerdings handelte es sich dabei zumindest in den Anfangsjahren des 2. Weltkrieges beispielsweise um Munitionshülsen oder verstärkte Fahrräder für den militärischen Einsatz. Erst kurz vor Ende des 2. Weltkrieges lieferte »Hercules« eine Röhrenkonstruktion für die Flugzeugindustrie zu.

Im Oktober 1940 wurden Hermann und Curt Soldan in den Aufsichtsrat gewählt, nachdem der Fürther Bonbonhersteller Dr. Carl Soldan (»Em-Eukal« und »Rheila«) die Aktienmehrheit an »Hercules« erworben hatte. Bereits seit 1930 war Dr. C. Soldan im Besitze verschiedener Aktienpakete von Firmen aus der Heimatregion, der sich man sich verbunden fühlte, so auch der »Hercules-Werke«.

Am 20. Februar 1945 wurde »Hercules« Ziel eines Fliegerangriffs, der 75% der Gebäude in Schutt und Asche legte. Betroffen war neben dem Konstruktionsbüro und weiteren Gebäuden auch das Archiv und das kleine Werksmuseum, während die Milchkannenfertigung, die man kurz zuvor als Ausweichproduktion übernommen hatte, weiter arbeiten konnte.

Von 1928 bis zur kriegsbedingten Einstellung der zivilen Produktion gab es etwa 30 unterschiedliche Modelle mit Motoren von mehr als zehn Herstellern, ohne dass in der Modellpalette eine gewisse Systematik erkennbar wäre. Produktionszeiten und -zahlen mussten rekonstruiert werden, weil das Archiv bei dem bereits geschilderten Fliegerangriff verloren ging. Die entsprechenden Zahlen und Daten stellen insofern auch nur relativ realistische Anhaltswerte dar. Danach dürften zwischen 1928 und 1940 etwa 40.000 Motorräder gebaut worden sein, wobei der Großteil auf die steuerfreien 200er und die Motor-Fahrräder entfiel.

DER NEUANFANG UND DIE 1950ER JAHRE

Der Neuanfang nach dem 2. Weltkrieg war deprimierend. Vier Bombentreffer und Phosphorkanister hatten drei Viertel des Werks zerstört. Kein Quadratmeter heiles Dach, überall nur Schutt, verkohlte Balken, eingestürzte Mauern und verschüttete Maschinen, so die Werkschronik.

Nachdem die Gebäude hergerichtet worden waren, wurde Arbeit gesucht, um die Mitarbeiter zu bezahlen. So fingen die »Herculaner«, wie sie sich selbst nannten, an, Fahrräder zu reparieren und bauten kleine Karren mit luftbereiften Rädern und einer Traglast von drei Zentnern, um Wasser zu transportieren, weil das Wasserleitungsnetz von Nürnberg ebenfalls schwer beschädigt worden war. Weitergeführt werden konnte die Produktion von Milchkannen und Eimern, die sich in einem nicht zerstörten Gebäude befunden hatte. Wegen Beschaffungsschwierigkeiten bei Zinn musste die Fertigung auf rotbraun lackierte Kannen umgestellt werden. Dafür gab es für »Hercules« von der amerikanischen Besatzungsmacht die begehrten »Eisenscheine«. Dann aber wurde zur Wiedergutmachung an die Kriegsgewinner die Totaldemontage von »Hercules« angeordnet. Mit großem Verhandlungsgeschick konnte das Urteil noch in eine »Teildemontage« umgewandelt werden, aber da befanden sich die meisten Maschinen bereits auf dem Weg ins Ausland. Wie das »Handelsblatt« in seiner Ausgabe vom 3. Juli 1947 berichtete, nahm man nun auch die Fertigung behelfsmäßiger Stahlrohrstühle für Zahnärzte ins Programm.

▲ *Nach der Währungsreform wurde ein umfangreiches Sortiment von Molkereiprodukten angeboten, nun wieder aus verzinntem Blech.* (Foto: Dr. C. Soldan).

Während an eine Wiederaufnahme des Motorradbaus noch nicht zu denken war, konnte zumindest die Fahrradproduktion in bescheidenem Rahmen wieder anlaufen. Eine geschickte Disposition bei der Milchkannenfertigung ermöglichte es, mit Materialreserven die ersten Fahrräder zu fertigen. Die ersten Nachkriegsfahrräder gab es ausschließlich in Rotbraun, weil eben nur diese Farbe aus der Milchkannenproduktion abgezweigt werden konnte. Auch nach der Währungsreform 1948 wurde noch ein ganzes Sortiment von Molkereigeräten von der Milchkanne über Melkeimer bis hin zu Käseformen angeboten. Dass sich die wirtschaftliche Lage langsam verbesserte, kann man an einer alten Preisliste von 1948 sehen. Die Milchkannen waren nun wieder verzinnt, also aus Weißblech, und als 1950 die kriegsbedingt lackierten Kannen aus hygienischen Gründen nicht mehr benutzt werden durften, bot »Hercules« an, die bisher benutzten lackierten Kannen aufzuarbeiten und neu zu verzinnen. Allerdings war der Umsatz nach 1948 rapide gesunken und die Geschäftsleitung entschied in Abstimmung mit Hermann Soldan, die Produktionssparte 1951 aufzulösen und die 300 m³ Produktionsfläche für die Motorrad- und Fahrradherstellung zu verwenden.

1948 gab es dann das erste Nachkriegsmotorrad von »Hercules«, Typ 211 genannt. Die »211« entsprach den Motorfahrrädern der Vorkriegszeit, den »Hermännchen« mit dem bewährten 2¼ PS starken 98-Kubik-Sachs-Motor mit Pedalantrieb »Typ M 32«, so wie ihn auch zahlreiche andere Hersteller in ihre ersten Nachkriegsmotorräder einbauten. Fast zwei Dutzend Produzenten setzten damals auf den 98er Sachs, allerdings gab es auch keine große Alternative, was die

▲ *Der »neue Sachs« war eigentlich ein alter Bekannter. Die Konstruktion des »M 50« basiert auf dem Vorkriegs-»M 32«.*

Triebwerke in der frühen Nachkriegszeit betraf. 1950 wurde der »M 32« durch den konzeptionell gleichen »M 50« abgelöst. Jedenfalls ging es nun nach mühsamen Anfängen wieder aufwärts.

Während Hans Eiblmaier, seit 1940 Aufsichtsratsmitglied und seit 1943 kaufmännischer Direktor bei »Hercules«, auch weiterhin für die kaufmännische Seite verantwortlich war, wechselte 1949 August Heißmeier als technischer Direktor in den »Hercules«-Vorstand. Vor dem Krieg war Heißmeier bei den Triumph-Werken Nürnberg beschäftigt, wo er mit dem Konstrukteur und späteren Triumph-Direktor und »Hercules«-Aufsichtsratsmitglied Otto Reitz eng zusammenarbeitete. So erklären sich die fast schon freundschaftlichen Beziehungen zwischen »Hercules« und dem praktisch vis a vis auf der Fürther Straße liegenden Konkurrenten »Triumph«.

▲ *Die Geschäftsleitung August Heißmeier (links sitzend) und Hans Eiblmaier (rechts sitzend) im Kreise von »Hercules« Jubilaren.*

▲ *Eher Freunde als Konkurrenten – die »Hercules«-Geschäftsleitung gratuliert dem Triumph-Direktor Otto Reitz zu seinem 25-jährigen Jubiläum.*

Herr Cules und Fräulein Ilse

»Herr Cules« wurde in den frühen 1950er Jahren als Werbefigur erfunden, um die Händler persönlicher anzusprechen. Die Comic-Figur in Blaumann mit einem Schraubenschlüssel in der Hosentasche war der vertrauenserweckende Mittler zwischen der Verkaufsabteilung ebenso wie der Buchhaltung und den Händlern. »Herr Cules« hatte sogar eigene Postkarten, mit denen die »Reisenden«, also die Vertreter, ihren Besuch bei den Händlern ankündigten. »Herr Cules besucht Sie«, hieß es da. Daneben wurde »Herr Cules« aber auch als bewegliches Schaustück für die Schaufensterwerbung eingesetzt. Kinder freuten sich über kleine Sonnenschirmchen und auch in den Verkaufsprospekten oder Bedienungsanleitungen fand man ihn.

◄ *Herr Cules war der Sympathieträger der 1950er Jahre – bekleidet mit Blaumann und Schraubenschlüssel signalisierte er Kompetenz.*

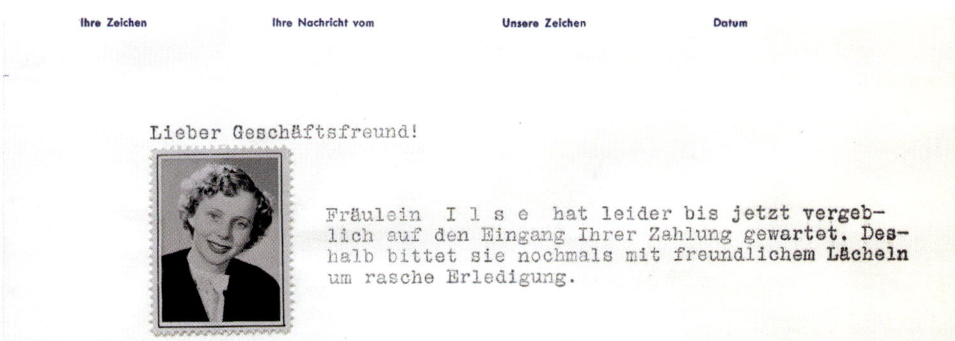

Ihre Zeichen | Ihre Nachricht vom | Unsere Zeichen | Datum

Lieber Geschäftsfreund!

Fräulein I l s e hat leider bis jetzt vergeblich auf den Eingang Ihrer Zahlung gewartet. Deshalb bittet sie nochmals mit freundlichem Lächeln um rasche Erledigung.

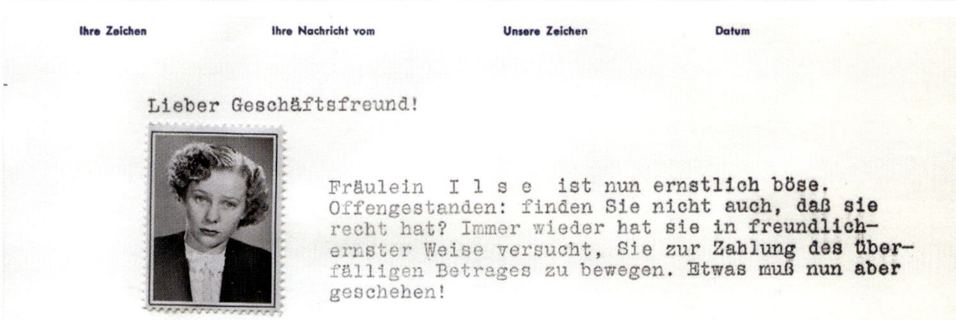

Ihre Zeichen | Ihre Nachricht vom | Unsere Zeichen | Datum

Lieber Geschäftsfreund!

Fräulein I l s e ist nun ernstlich böse. Offengestanden: finden Sie nicht auch, daß sie recht hat? Immer wieder hat sie in freundlich-ernster Weise versucht, Sie zur Zahlung des überfälligen Betrages zu bewegen. Etwas muß nun aber geschehen!

▲ *Wer es mit »Fräulein Ilse« zu tun bekam, galt als säumiger Zahler. Von Schreiben zu Schreiben schaute die junge Dame böser drein.*

Weit weniger sympathisch als »Herr Cules« fanden die Händler sicherlich »Fräulein Ilse« von der Buchhaltung. Die junge Dame war für die Erinnerung säumiger Zahler zuständig und schaute von Schreiben zu Schreiben böser drein.

Wenn auch heute der Humor der 1950er Jahre etwas seltsam anmutet, war dies sicherlich persönlicher, als die Angelegenheit professionellen Inkassodienstleistern zu übergeben, so wie das heute vielfach üblich ist.

Sachs und JLO-Motoren für die Motorräder der 1950er Jahre

Bei der Motorradproduktion fuhr »Hercules« nun zweigleisig, was die Motorenlieferanten betraf. Neben »Fichtel & Sachs« aus Schweinfurt griff man auch auf ähnlich konzeptionierte Triebwerke des Pinneberger Herstellers »JLO« zurück.

»Fichtel & Sachs« – vom »Präcisionskugellager-Werk« zur »Erfinder-AG« der 1970er Jahre

Geheimrat Dr. h.c. Ernst Sachs, der es vom einfachen Mechaniker zum Wirtschaftsführer gebracht hatte, gründete 1895 zusammen mit dem Kaufmann Karl Fichtel die »Schweinfurter Präcisionskugellager-Werke Fichtel & Sachs«. 1903 erfand er die »Torpedo-Freilaufnabe« mit Rücktrittsbremse – eine Erfindung, die das Fahrradfahren revolutionierte. Antrieb, Freilauf und Bremse waren nun in der Hinterradnabe kombiniert.

▲ *Geheimrat Ernst Sachs war Erfinder der »Torpedo«-Freilaufnabe und einer der Väter der Massenmotorisierung durch einfache Zweitaktmotoren. (Foto: ZF Friedrichshafen AG)*

◀ *Bald nach dem »M 50« gab es auch größere Motoren aus der Schweinfurter Produktion wie den 6 PS starken 150-Kubik-Motor, der auch als 175er mit 9 PS lieferbar war und bis in die frühen 1960er Jahre im Programm blieb.*

Schon Anfang des vergangenen Jahrhunderts gab es intensive Geschäftsbeziehungen mit Marschütz, der die moderne Technik in seine Fahrräder einbaute und zu Beginn der 1950er Jahre war »F&S« die größte Fahrradnabenfabrik weltweit. Ein zweiter Höhepunkt im Leben von Ernst Sachs war seine Idee zur Motorisierung des Fahrrads. Nach dem ersten Versuchsmotor aus dem Jahre 1929 wurde 1950 der einmillionste »Sachs«-Motor fertiggestellt.

An dieser Stelle sei schon ein Blick in die späteren Jahre erlaubt.

In den 1960er Jahren hatten Sachs-Motoren in Deutschland eine dominierende Stellung im 50-Kubik-Segment vor »Kreidler« und »Zündapp«, zumal auch andere Hersteller als »Hercules« in nennenswertem Umfang beliefert wurden. In den 1970er Jahren wurden Sachs-Motoren von Marken wie »Ancillotti« (ITA) bis »Wassel« (GB) eingebaut und sorgten vor allen Dingen im Geländesport für Erfolge in den kleinen Klassen bis 175 Kubik. Neben den kleinen Zweitaktern baute Sachs auch größere Versionen mit 290-Kubik-Zweitaktern für Schneemobile oder Stationärmotoren (»Stamo«) von 33 Kubik bis zu einem 400-Kubik-Diesel-Motor für die unterschiedlichsten Einsatzzwecke, beispielsweise Rasenmäher, Kettensägen oder Tragkraftspritzen für die Feuerwehr.

Bis Sachs 1977 das Wankel-Engagement einstellte, waren auch diverse Wankelmotoren im Programm. Am bekanntesten ist der ursprünglich für ein Schneemobil gebaute Motor, der unter der Bezeichnung »KC 27« in der »Hercules W 2000« zum Einsatz kam, es gab aber auch hier Kettensägen oder Rasenmähermotoren mit dem vibrationsfreien Drehkolbentriebwerk.

In den 1970er Jahren wollte der Vorstandsvorsitzende Walter Trux das Unternehmen unabhängiger von der Automobilindustrie machen und setzte auf innovative Produkte wie Geräte zur Wasserentkeimung – Zielgruppe waren Camper und Bootstouristen – oder eine Wärmepumpe. Aus dieser Zeit stammt der Werbespruch »Sachs. Die Erfinder-AG«. Allerdings lebt die Erinnerung an diese eigentlich branchenfernen Produkte heute nur noch im Werksmuseum fort. Der Motorenbau endete 1997, fast sieben Jahrzehnte nach dem ersten Sachs-Motor und kurz nach der Übernahme von »Fichtel & Sachs« durch »Mannesmann«.

JLO – der zweite bedeutende deutsche Motorenhersteller

»JLO«, so die damalige Eigenschreibweise für ILO, bedeutet in der Kunstsprache Esperanto »Werkzeug«. »JLO« war seit 1911 als Maschinenbaufabrik für den Gleisbau tätig und entwickelte kurz nach dem 1. Weltkrieg einen Zweitaktmotor, um die eigenen Maschinen antreiben zu können. Ab den 1920er Jahren konzentrierte sich »JLO« auf die Fertigung von Zweitaktmotoren für die unterschiedlichsten Zwecke. So entstanden neben Motorradmotoren auch Antriebe für landwirtschaftliche Geräte wie Motorhacken, Standmotoren und sogar die Motoren für die Dreirad-Lieferwagen »Tempo« und »Goliath«. Auch der »Hercules«-Motorradwagen in den frühen 1930er Jahren besaß einen »JLO«-Motor.

Nach dem Zweiten Weltkrieg nahm »JLO« die Motorenfertigung wieder auf und lieferte Moped- und Motorradmotoren, Stationärmotoren oder die Antriebe für motorisierte Krankenfahrstühle, für die kurz nach dem Krieg wegen der zahlreichen Kriegsversehrten großer Bedarf bestand. Das größte Motorradtriebwerk war der 250-Kubik-»JLO«-Twin, der auch bei »Hercules« zum Einbau kam und mit dem »Hercules« 1955 die erste Deutsche Geländemeisterschaft in der 250-Kubik-Klasse gewann. Der »JLO«-Twin war der einzige Zweizylindermotor in der langen Geschichte von »Hercules«. Erst nach Einstellung des Motorenbaus bot die Nachfolgegesellschaft »Sachs Fahrzeug- und Motorentechnik« wieder Zweizylindermotoren an, allerdings waren das nun japanische »Yamaha«- oder »Suzuki«-Viertaktmotoren.

Über ein Dutzend unterschiedliche Typen in den frühen 1950er Jahren

Nicht weniger als 14 unterschiedliche Modelle von der 1948 erschienenen »211« bis hin zur »322« Zweizylinder von 1953 wurden innerhalb von nur fünf Jahren vorgestellt.

Ein System ist bei den unterschiedlichen Typenbezeichnungen nicht erkennbar. Abgesehen davon, dass zumindest anfangs die »Zweihunderter«-Nummern für Fahrzeuge mit Pedalantrieb wie die »211« oder das Moped »213« verwendet wurden, stellen die »Dreihunderter«-Nummern für Motorräder mit Kickstarter vermutlich reine Zähl- oder Konstruktionsnummern dar. Dies änderte sich erst Mitte der 1950er Jahre, als sich die Typbezeichnung nach dem Hubraum richtete wie beispielsweise bei der »K 100« oder der »K 175«.

Von der technischen Konzeption her glichen sich die Fahrgestelle der Anfangsjahre. Hinten fing zunächst ein gefederter Schwingsattel oder eine nach dem Erfinder benannte »Jurisch-Geradwegfederung« die gröbsten Stöße ab, vorne federte eine »Grotz«-Gabel. In dieser Zeit hatte eine Telegabel allerdings nur die Aufgabe, das Vorderrad zu führen und zu federn, an eine funktionierende Dämpfung, wie wir es von modernen Telegabeln kennen, war damals noch lange nicht zu denken. So diente das Gabelöl denn auch nicht der Dämpfung, sondern lediglich der Schmierung aufeinander gleitender Teile.

1953 wurde ein überarbeitetes Fahrwerk mit hinterer Schwinggabel eingeführt, man versprach sich davon einen deutlich höheren Federungskomfort und eine geringere Beanspruchung der Kette, weil die Hinterachse nun in einem Kreisbogen um das vordere Ritzel (richtiger: um die Schwingenachse) geführt wurde, wobei die Kettenspannung sich im Idealfall nicht oder nur wenig veränderte.

Die unterschiedlichen Modelle der frühen 1950er Jahre ergeben sich der Übersichtlichkeit halber aus der unten stehenden Tabelle.

Typ	Motor	Hubraum	Leistung	Bauzeit
211	Sachs	98 ccm	2,25 PS	1948–1950
212	Sachs	98 ccm	3 PS	1950–1955
H 125	JLO	123 ccm	4,5 PS	1949–1950
312	JLO	123 ccm	5 PS	1950–1955
313	Sachs	147 ccm	6,5 PS	1951–1955
314	JLO	173 ccm	8,2 PS	1951–1952
315	JLO	247 ccm	12,8 PS	1952–1953
316	Sachs	98 ccm	3 PS	1950–1955
317	JLO	197 ccm	11 PS	1952–1953
318	JLO	244 ccm 2 Zyl.	15,1 PS	1953
319	Sachs	174 ccm	9 PS	1953
320	Sachs	174 ccm	9 PS	1953–1955
321	JLO	197 ccm	11 PS	1953–1957
322	JLO	244 ccm 2 Zyl.	15,1 PS	1953–1957

Start der Mopedproduktion

Aufgrund der guten Kontakte zu »Triumph« gab es schon bald eine erste Kooperation, in die auch »Zündapp«, damals noch in Nürnberg ansässig, eingebunden wurde, wo man einen 50-Kubik-Motor im Programm hatte, mit dem Fahrräder motorisiert werden konnten. Allerdings waren die handelsüblichen Fahrradrahmen zu schwach für das 1,3 PS leistende »Combimot« genannte »Zündapp«-Triebwerk – Werbespruch damals: »Mühelos und flott mit Zündapp Combimot«. Während »Zündapp« den Motor lieferte und »Triumph« für die administrative Seite verantwortlich war, wurden die Mopeds bei »Hercules« auch für die beiden anderen Hersteller gebaut, die sie 1953 unter den Modellbezeichnungen »Hercules 213«, »Triumph Knirps« und »Zündapp Combinette« auf den Markt brachten.

▲ *Wirtschaftsminister Ludwig Erhard, der Vater des Wirtschaftswunders, begutachtet eine »213«. Da durfte natürlich auch die Zigarre, Erhards Markenzeichen, nicht fehlen (1953).*

So schlicht das Fahrzeug auch konstruiert war, gab es doch einige pfiffige Details, beispielsweise einen im Schwerpunkt angebrachten Griff, um das in der Projektbeschreibung noch »Fahrrad« genannte Moped auch in Treppenhäusern mühelos tragen zu können oder einen 6-Volt-Scheinwerfer, in den man zur Notbeleuchtung auch eine Taschenlampenbatterie einsetzen konnte. Der Antrieb zum Hinterrad erfolgte wahlweise über einen Riemen oder über eine Kette, auch der spätere Einbau einer Federgabel war vorgesehen. »Hercules« wies extra auf ein Steckschloss im Steuerkopf hin, »weil das Moped so schön ist und auf Erden nicht nur Engel wandeln« – offensichtlich war der Diebstahl von Zweirädern auch in den frühen 1950er Jahren schon ein Thema.

Während die »Knirps« und die »Combinette« floppten, verkaufte »Hercules« immerhin über 20.000 Exemplare. Als der neue Sachs 2-Gang-Moped-Motor im Jahre 1954 serienreif war, kündigten »Triumph« und »Hercules« ihre Abnahmever-

▲ *»Ich denke oft an Piroschka« – der Film mit Liselotte Pulver war 1955 ein Kassenschlager in den deutschen Kinos. Keine Frage, dass die Puszta-Schönheit auch für »Hercules«-Fahrzeuge Werbung machte.*

pflichtungen bei Zündapp und bauten das nun »Typ 214« genannte Moped weitgehend unverändert mit dem Sachs-Motor. Damit hatte »Hercules« sich neben der Motorradproduktion ein zweites Standbein geschaffen, was sich in den nächsten Jahren als überlebenswichtig erweisen sollte.

◀ *Die »Hercules 211« war das erste Nachkriegsmotorrad, das 1948 erschien und entsprach technisch der früheren »MF 2«. Die braunrote Farbe konnte aus der Milchkannenproduktion abgezweigt werden.*

▲ *Die »Hercules 212« war die Weiterentwicklung der »211« und blieb von 1950 bis 1955 im Programm. Lieferbar war sie in den Farben Rotbraun oder Schwarz.*

▲ *6,5 PS leistete die »313« mit dem 150er Sachs-Motor, die von 1951 bis 1955 gebaut wurde.*

▲ *Eine spätere Version der »312« von 1953 – das Hinterrad ist nunmehr gefedert. Hervorgehoben wurde der moderne Flachkolben, der den aus patentrechtlichen Gründen bis dahin eingesetzten Nasenkolben ablöste.*

▲ *Auch wenn die beiden Auspuffrohre etwas anderes vermuten lassen: die »314« wurde von einem 175 Kubik-»JLO«-Einzylinder mit 8,5 PS Leistung angetrieben. Sie wurde nur von 1951 bis 1952 gebaut.*

▲ *Auch die »H 125« von 1949 basiert auf der Vorkriegs-»S 125«, allerdings wurde sie von einem 4,5 PS starken »JLO«- statt Sachs-Motor angetrieben.*

▲ *Das Prospektblatt der »316« mit 98 Kubik großem Sachs-Motor weckt Reiselust. Der Motor »M 50 K« wird mit Kickstarter angetreten. Auf Wunsch war statt der Trapezgabel eine Telegabel oder auch ein Chromtank erhältlich (1950–1955)*

▲ *Der Prospekt der »312« mit 5 PS starkem 125-Kubik-»JLO«-Motor zeigt noch die Version mit ungefederdem Hinterrad. Das Hintergrundbild symbolisiert Langstreckentauglichkeit. Schon 1950 wurde die Maschine bei Zuverlässigkeitsfahrten mit Erfolg eingesetzt.*

Die »315« war mit 250 Kubik und knapp 13 PS starkem »JLO«-Einzylinder die größte und stärkste »Hercules« und damit uneingeschränkt sozius- und auch seitenwagentauglich (1952–1953).

Das Prospektblatt der »315« von 1952 weist auf die Seitenwagentauglichkeit der 250er mit »JLO«-Motor hin.

◀ *Die 200 Kubik »317« leistete mit 11 PS nur unwesentlich weniger als die größere 250er Typ »315 (1952–1953)«.*

◀ *Nur 1953 gebaut wurde der Typ »318« mit 15,1 PS starkem 250 Kubik »JLO Twin«. Damit war sie die erste Zweizylinder-»Hercules« überhaupt.*

◀ *Ebenfalls nur 1953 gebaut wurde die »319« mit 175er Sachs-Motor, die noch im gleichen Jahr von der »320« mit Hinterradschwinge abgelöst wurde.*

◀ *Moderne Zeiten: die »320« mit 175-ccm-Sachs-Motor (rechts) und die »321« mit 200-ccm-»JLO«-Motor waren 1953 die ersten Modelle mit gefederter Hinterradschwinge und auch der Schwingsattel gehörte der Vergangenheit an. Nun gab es eine gepolsterte Sitzbank.*

▲ *Die »322« mit 250-Kubik-»JLO-Twin« löste 1953 die gleich starke »318« mit Geradwegfederung ab und wurde bis 1957 gebaut. Danach verwendete »Hercules« nur noch Sachs-Motoren.*

▶ *Bis weit in die 1950er Jahre fanden sich auf den Prospektblättern richtige kleine Kunstwerke – hier der Verkaufsprospekt der »A 175« bzw. »K 175«.*

▼ *Gleich zwei verschiedene 175er gab es 1956 – die »A 175« mit elektrischem Dynastart-Anlasser (zum Starten fungierte die Lichtmaschine als Anlassmotor) und die »K 175« mit Kickstarter. Der augenfälligste Unterschied zur »320« waren die nun 16 Zoll statt 19 Zoll großen Räder.*

HERCULES
natürlich ...
HERCULES

Die Krise auf dem Motorradmarkt

Mitte der 1950er Jahre kam es zu gravierenden Absatzeinbrüchen bei den Motorradherstellern. Die wirtschaftliche Situation im Nachkriegsdeutschland hatte sich soweit stabilisiert, dass viele sich nun ein kleines Auto leisten konnten und das Motorrad schnell den Ruf eines »Arme Leute-Vehikels« bekam, hinzu kam eine Neuregelung des Fahrerlaubnisrechts. Bis Ende 1954 durften Motorräder und Kleinstwagen bis 250 Kubik mit dem Führerschein der Klasse 4 gefahren werden. Nun war dazu der Motorradführerschein der Klasse 1 bzw. der PKW-Führerschein Klasse 3 erforderlich. Neben anderen Herstellern waren auch »Adler« aus Frankfurt und »Triumph« besonders betroffen, aber auch bei »Hercules« wurden 1955 nicht einmal halb so viele Motorräder verkauft wie im Jahr zuvor. Die Dresdner Bank, die einige Jahre zuvor von Dr. C. Soldan die Gesellschaftsanteile übernommen hatte und zu der auch »Adler« sowie »Triumph« gehörten, lud deshalb zum Krisengipfel. Wenn auch das Wort »Synergieeffekt« noch nicht bekannt war, passierte genau das – »Adler«, »Hercules« und »Triumph« gründeten eine Verkaufsgemeinschaft, in der ab Herbst 1956 die Fahrzeuge der drei beteiligten Hersteller vermarktet werden sollten. »Alle Wünsche in einem Programm«, so der Titel des Verkaufsprospekts, der elf Fahrzeuge vom Motorroller bis hin zur Zweizylinder-Adler »Favorit« enthielt, der man nachsagt, das Vorbild für die späteren Zweizylinder-Zweitakter von »Yamaha« gewesen zu sein.

▲ *Volles Programm – gleich 11 Fahrzeuge vom Motorroller bis zur sportlichen Zweizylinder fand man im Prospekt der »Verkaufsgemeinschaft«. Die konnte aber weder »Adler« noch »Triumph« das Überleben als Motorradhersteller sichern.*

»Hercules« war mit der neukonstruierten »K 100« und den 175ern »A 175« mit elektrischen Dynastart-Anlasser und »K 175« vertreten, die allerdings in den Grundzügen auf dem Vorgängermodell »Typ 320« basierten, aber im Gegensatz zur 320er die Telegabel der »Triumph Cornet« besaßen. Die »Cornet«-Gabel wurde mit einer »mechanischen/hydraulischen Dämpfung« beschrieben und hatte »angenehm weich wirkende Schraubenfedern«, so die »Triumph«-Werbung. Der »Hercules«-Roller »R 200« war sogar eine Gemeinschaftskonstruktion mit »Triumph« – der »R 200« unterschied sich nur durch einen Sachs-Motor vom »Contessa« mit »Triumph«-eigenen Motor. Damit konnten »Hercules« und »Triumph« mit überschaubarem Aufwand einen »großen« Motorroller für den deutschen Markt anbieten.

Aber da war wohl der Wunsch Vater des Gedankens gewesen, denn nach gerade einmal einem halben Jahr teilte »Hercules« in einem »Schnellbrief« seinen Händlern mit, dass man aus der Verbindung »Grundig-Triumph«, also aus der Verkaufsgemeinschaft, ausgeschieden und nunmehr wieder selbständig sei.

Hintergrund war der Umstand, dass der Industrielle Max Grundig zwischenzeitlich die Mehrheit an den drei Firmen übernommen hatte. Grundig, dessen Vater übrigens früher Meister bei »Hercules« war, gehörte zu den Wirtschaftspionieren im Nachkriegsdeutschland und ist heute noch durch seine Unterhaltungselektronik legendär. Allerdings war Grundig nicht am Bau von Motorrädern interessiert, sondern wollte mit den beiden Herstellern, die eine lange Tradition in der Herstellung von Schreibmaschinen hatten, Büromaschinen produzieren. Noch heute existiert in Nürnberg die »TA Triumph-Adler GmbH« und bietet innerhalb des Kyocera-Konzerns Dienstleistungen im Bereich »Digitalisiertes Büro« an.

Es ist dem Verhandlungsgeschick von Direktor Hans Eiblmeier zu verdanken gewesen, dass er Max Grundig davon überzeugen konnte, »Hercules« wieder zu verkaufen, damit der Kundendienst und die Ersatzteilversorgung von »Hercules« und auch von »Triumph« fortgeführt werden konnte. 1958 wurde »Hercules« durch die Schweizer Holding »Kurotag« übernommen. Dass die »Kurotag« im Auftrage von »Fichtel & Sachs« handelte, war damals nur Eingeweihten bekannt, denn schließlich musste Sachs auf die Befindlichkeiten der anderen Sachs-Kunden Rücksicht nehmen. Erst 1963 wurden die neuen Besitzverhältnisse in der Öffentlichkeit publik.

Sieben Jahrzehnte nach der Gründung durch Carl Marschütz befand sich »Hercules« nun im Besitze des früheren Zulieferers »Fichtel & Sachs«, kurz »F&S«.

Mit der Übernahme durch die »Kurotag/Sachs« verschwanden die Motorräder mit »JLO«-Motoren aus dem Programm. »JLO« produzierte noch bis 1959 Motoren für Roller und Motorräder, ließ dann aber die Fertigung auslaufen und konzentrierte sich recht erfolgreich auf Schneemobilmotoren für den skandinavischen und nordamerikanischen Markt. Auch die Fertigung von Industriemotoren lief unter neuen Besitzern noch bis 1990 weiter, dann wurde das Werk Pinneberg geschlossen.

»Hercules« bekennt sich zum Motorrad

Während sich Mitte der 1950er Jahre dunkle Wolken über dem europäischen Motorradmarkt zusammenbrauten, hatte »Hercules« den Mut, ein völlig neues Motorrad auf den Markt zu bringen. Die »K 100« war damals die einzige Neukonstruktion überhaupt im rückläufigen Markt. Natürlich kam es den Nürnbergern entgegen, dass Sachs ein neues modern konzipiertes Triebwerk mit 100 Kubik und Dreigang-Getriebe ins Programm genommen hatte, das ursprünglich für den Einbau in Motorrollern vorgesehen war. Dies ist auch der Grund dafür, dass die »K 100« über einen Drehgriff am linken Lenkerende geschaltet wurde, wie es eben bei einem Motorroller üblich war. Allerdings stellte sich schnell heraus, dass die Fahreigenschaften der mit einer Vorderschwinge ausgestatteten Hunderter sehr zu wünschen übrig ließen, manch einer sprach sogar von »verkehrsunsicher«. Das labile Fahrwerk geriet ins Schlingern, wenn man eine Hand vom Lenker nahm und selbst der Konstrukteur soll bei einigen Versuchsrunden auf dem Fabrikhof gestürzt sein. Als Ursache

▲ *»Jedermann bewundert Hercules K 100« – die kleine »Hercules« kam 1956 in den Handel und war schon 1957 das meistverkaufte Motorrad in Deutschland.*

war schnell das unterdimensionierte Rahmenrohr ausgemacht, das zur effektiven Abhilfe mit einem Profilstück verstärkt wurde. Bereits verkaufte Fahrzeuge wurden vom Kundendienst vor Ort nachgerüstet. Damit waren die Probleme behoben und während viele Hersteller hatten zusperren müssen, war die »K 100« 1957 sogar das meistverkaufte Motorrad in Deutschland.

Dass nicht nur der »Zündapp«-Werbeleiter Heinz Kletzke sich auf gereimte Werbebotschaften verstand, bewies dann auch die »Hercules«-Werbeabteilung: »Jedermann bewundert Hercules K 100«.

Das 1959 erschienene Nachfolgemodell, nun »K 101« genannt, hatte jetzt eine Dreigang-Fußschaltung statt der Handschaltung. Auch war das Hinterrad nun nicht mehr wie bei einem Fahrrad in Ausfallenden fixiert, sondern mit einer Steckachse gehalten.

Der J-Be-Scooter und die J-Be-K 125 fürAmerika

Einen »Hercules«-Motorroller mit dem Hunderter-Sachs-Motor hat es zumindest für den deutschen Markt nicht gegeben, jedoch wurde der »J-Be-Scooter« bei »Hercules« für den amerikanischen Markt gebaut.

Joseph Berliner, ein ungarischer Jude, der den Holocaust überlebt hatte, wanderte 1947 in die USA aus, wo er 1951 zusammen mit seinem Bruder Michael in New York die »Berliner Motor Corporation« gründete und verschiedene europäische Marken, darunter »Ducati«, »Sachs« oder »Zündapp«, sowie »Metzeler«-Reifen importierte. Weil »Hercules« für den englischsprachigen Raum seinen Namen damals nicht nutzen durfte, bot Jo Berliner verschiedene »Hercules«-Modelle, darunter neben dem Scooter auch die »K 101« in einer 125-Kubik-Version unter seinen Initialen »J-Be« an.

Ein heute längst in Vergessenheit geratener kleiner Motorradfabrikant namens Henry Butler aus Derby in England, der Anfang des vergangenen Jahrhunderts »Hercules Motorcycles« baute, hatte sich die Namensrechte gesichert, so dass guter Rat teuer war, wenn die eigenen Produkte exportiert werden sollten. Wer damals auf die Idee gekommen ist, die »Hercules«-Produkte als »Prior« zu verkaufen, ist nicht bekannt, aber – chapeau – die Franken nahmen es mit Humor und nannten sich »The Prior Hercules Company«, also sinngemäß »die ältere Hercules-Gesellschaft«. Bis weit in die 1960er Jahre gab es »Hercules-Motorräder« im Ausland auch als »Prior«. Dies änderte sich erst, als man nach Übernahme der »Zweirad Union« durch die Konzernmutter die Namensrechte von »DKW« nutzen konnte.

▲ *Modellpflege: erst mit dieser nachträglich montierten Rahmenverstärkung wurde die »K 100« ein zuverlässiges und sicheres Motorrad.*

▲ *Sparsam und bequem, vor allen Dingen »allrad-gefedert«, so wurde die »K 100« im Prospekt von 1956 angepriesen.*

▲ »Für ganze Kerle«, so warb »Hercules« 1959 für die neue 10 PS starke »K 175 S«. 18 Zoll große Räder ließen die Maschine nun erwachsener erscheinen. Die Chromverkleidung an der gedämpften »Triumph«-Telegabel täuscht eine Vorderschwinge vor.

▼ Die »K 101« löste 1959 die »K 100« ab. Der Motor leistete nun 5,2 PS, das Dreigang-Getriebe wurde nun aber »motorradmäßig« mit dem Fuß geschaltet. Gegen Aufpreis gab es einen Chromtank oder verstellbare Federbeine für den Einsatz mit Sozius.

Die 1960er und 1970er Jahre – Aufstieg zum Marktführer bei den Kleinkrafträdern

Mit kleinem Programm startete »Hercules« in die Sechziger Jahre. Neben der gut verkäuflichen »K 101« und der »K 175 S« war ebenfalls noch der Roller »R 200« im Programm, dazu natürlich die verschiedenen Moped- und Kleinkraftradmodelle. Gerade auf letztere setzte »Hercules« große Hoffnung, während viele der ehemaligen »Hercules«-Konkurrenten die Tore hatten schließen müssen, nachdem sie aufs falsche Pferd, nämlich die Produktion eines Kleinstwagens, gesetzt hatten.

Zum 1. August 1960 war das Fahrerlaubnisrecht erneut geändert worden. Die neue Fahrerlaubnisklasse 4, kurz »der Vierer« genannt, erlaubte es nun auch 16-jährigen, Krafträder, wie es damals hieß, mit maximal 50 Kubik zu fahren. Und das sogar ohne Geschwindigkeitsbegrenzung. Der »Fünfer-Führerschein« berechtigte hingegen nur zum Fahren von »Fahrrädern mit Hilfsmotor«, den Mopeds, sowie Kleinkrafträdern mit einer Höchstgeschwindigkeit von maximal 40 km/h, den Mokicks. Es sollte aber noch einige Jahre dauern, bis ein Wettrüsten der Hersteller begann. Es kam zu regelrechten Glaubenskriegen, ob nun »Hercules«, »Kreidler« oder »Zündapp« die tollste »Fünfziger« baute. Kurioserweise waren alle Fabrikate gleich stark, zuerst 5,3 PS, später 6,25 PS, obwohl es da keine gesetzliche Reglementierung gab. Nur Maico tanzte mit der 5,5 PS starken MD 50 aus der Reihe, die später als Einzige auch über ein Sechsgang-Getriebe geschaltet wurde, während das bei »Hercules« den Geländesportmaschinen vorbehalten war.

»Hercules« bleibt dem Motorrad treu

Die »K 175«, die 1961 nochmals in einer überarbeiteten Version mit 11 PS als »K 175 SE« und beeindruckend großem 22-Liter-Tank in die Schaufenster kam, war das letzte große »Hercules«-Motorrad. Die Produktion endete 1963, nachdem Sachs den Motor aus dem Programm genommen hatte. Ein Nachfolgemodell hat es nie mehr gegeben.

Anders sah das bei der »K 101« aus. Neben den verschiedenen Kleinkrafträdern gab es bis Ende der 1960er Jahre immer auch eine Hunderter im Programm, von der sportlichen »K 102« über »K 103« und »K 103S« bis hin zur »K 105« von 1968, die bereits den neuen Sachs-Fünfgang-Motor Typ »1001/5A« hatte. »Motorrad«-Chefredakteur Siegfried Rauch zog bei einem ersten Test für die 10 PS starke »Hercules« ein positives Fazit: »Ein famoses kleines Motorrad, das in Leistung und Straßenlage ebenso erfreulich ist, wie es in seiner ganzen Linienführung gefallen kann«. Nur eine »K 104« hat es, warum auch immer, nie gegeben. Die Reihe wurde 1971 durch die »K 105 X« mit deutlich modernerem Styling und einem großen Alu-Zylinder fortgesetzt. Nun gab es die »X« auch in einer etwas größeren 125-Kubik-Version als »K 125 X«.

Mit der »K 125 S« endete 1979 die lange Tradition von »Hercules«-Motorrädern mit Sachs-Motor, nachdem diese bei einem Vergleichstest der Zeitschrift »Motorrad« von 13 kW (17 PS)-

▲ *Im Laufe der Jahre wurde das Werk in der Fürther Straße immer wieder erweitert. Das Bild zeigt eine Ansicht von 1960.*

▲ *Die 11 PS starke »K 175 SE« war das letzte große »Hercules«-Motorrad. Die noch auf der »320« von 1953 basierende »SE« verschwand 1963 aus den Schaufenstern, weil Sachs den 175er Motor nicht mehr baute.*

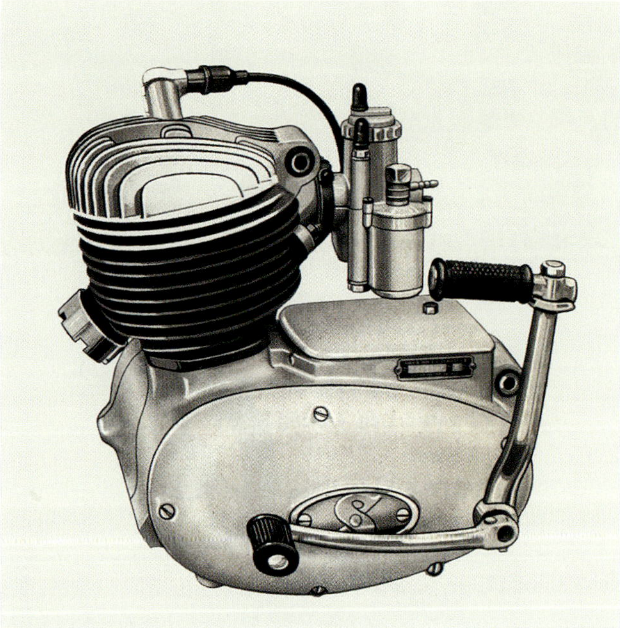

▲ *Der »Sachs 100/4«-Motor mit 7 PS und Fußschaltung, so wie er in der »K 101 eingebaut wurde.*

Motorrädern nochmals gute Kritiken erhalten hatte. »Sie sieht nicht nur so aus wie eine Fünfziger, sie fährt sich auch so: enorm handlich und kurvenfreudig. Auch der Geradeauslauf ist den Technikern der ältesten Zweiradfabrik der Welt gelungen«. Nicht mithalten konnte die »Hercules« allerdings mit den japanischen Konkurrenten, was Ausstattung und Komfort betraf. Da landeten die japanischen Zweizylinder-Feuerzeuge Yamaha RD 200 DX und Suzuki GT 185 ebenso wie die wassergekühlte »Zündapp KS 175« vor der »Hercules«.

▲ *Die »K 101« blieb weiter im Programm, allerdings mit 7 PS und Viergang-Getriebe deutlich besser motorisiert. Auch 1961 war die »K 101« das meistverkaufte Motorrad in Deutschland.*

▲ *Die »K 102« wurde als Sportmaschine angeboten, dazu gehörten natürlich ein »Schnellgasgriff« mit kurzem Hub, ein schmaler Rennlenker und Stoßdämpfer mit offenen Federn. Während der Motor wie bei der »K 101« weiterhin 7 PS leistete, war das Fahrgestell komplett neu (1962–1963).*

▲ »Man fährt beschwingt und sorgenfrei – mit Hercules K 103«, so lautete der Werbespruch. Dabei wurde betont, dass alle Geländesportmaschinen mit einem Rahmen aus der Serie ausgerüstet sind (1963–1964).

▲ »Für Könner und Kenner im Sattel« wurde ab 1969 die »K 105« mit dem neuen Fünfgang-Sachs-Motor angeboten. 10 PS versprachen »enorme Kraftreserven, auch mit dem Fräulein Braut im Rücken«. Das Fahrgestell und die Schwinggabel stammten aus dem Geländesport.

▲ Die Wirtschaftlichkeit der 8,2 PS starken »K 103 S« mit aus dem Geländesport stammenden »Breitwandzylinder« wurde 1964 besonders hervorgehoben. Nur 25 DM Versicherung pro Jahr und geringer Verbrauch – damit war sie deutlich preiswerter als der Nahverkehr.

▲ Verchromte Schutzbleche, ein schmaleres Rahmenheck und ein breiter Aluzylinder sorgten für ein sportliches Erscheinungsbild der ab 1971 »K 105 X« genannten Maschine. Während die 12 PS starke Hunderter einen zederngrünen Tank hatte, gab es erstmals auch eine 15 PS starke 125er in »Racing-Gelb«, »K 125 X« genannt.

◀ *Deutlich überarbeitet wurde die »K 125 T« für das Modelljahr 1974. Der Rahmen blieb weitgehend unverändert, aber der neue Sechsgang-Motor leistete nun 17 PS, vorne federte eine »Ceriani«-Gabel und gebremst wurde mit 160 Millimeter großen Trommelbremsen.*

▶ *Bis auf eine 260 Millimeter große Bremsscheibe im Vorderrad und einen karminroten Tank entsprach die »K 125 S« der trommelgebremsten Vorgängerin (1975–1976).*

◀ *Dem Stil der Zeit folgend gab es die »K 125 S« von 1977 bis 1979 mit Grimeca-Gussrädern und einem anderen Tankdekor. Ein Nachfolgemodell hat es danach nicht mehr gegeben.*

Die »Military« – das Krad der Bundeswehr

Als die Bundeswehr in den späten 1960er Jahren ein Nachfolgekrad für die betagte »Bundeswehr-Maico« suchte, beteiligte sich »Hercules« neben Maico, der »Zweirad Union« und »Zündapp« an der Ausschreibung für ein leichtes Motorrad mit 125 Kubik. Am Ende fiel die Entscheidung zugunsten der »Hercules K 125 Bw«, wobei das »Bw« für Bundeswehr steht. Den Ausschlag hatte die stabile Vorderrad-Schwinggabel gegeben, die der Auswahlkommission geeigneter erschien als die damals doch noch recht filigranen, überwiegend ungedämpften Telegabeln.

Die Modellbezeichnung der fast identischen Zivilversion hieß schlicht »Military«, was nicht für den ursprünglichen militärischen Einsatzzweck stand, wie man vielleicht vermuten mag, sondern für das Vielseitigkeitsreiten, eine Disziplin des Pferdesports aus Geländeritt und Springen, stand, damals »Military« genannt. So vielseitig sollte auch die olivgrüne »Hercules« sein. Im Grunde genommen war die »Military« eine zweisitzige Version der Geländesportmaschine von 1969, natürlich mit diversen Anpassungen wie Sturzbügel oder Packtaschen.

Die »Military« wurde von 1970 bis etwa 1986 gebaut und später – zur Unterscheidung von den Nachfolgemodellen – »Variante 1« genannt. Die »Variante 2« war eine modernisierte Version mit 32-mm-Marzocchi-Telegabel und Kunststoff-Kotflügeln. Die bei der Bundeswehr vorhandenen Motorräder wurden sukzessive auf die »Variante 2« umgerüstet. 1991 kam die dritte und letzte Variante zum Truppeneinsatz, die »K 180 Bw«. Diese unterschied sich rein optisch von den Vorgängermodellen durch einen Alu-Breitwandzylinder mit 180 Kubik, einen sehr langen und leisen Schalldämpfer sowie einen geschlossenen Kettenkasten.

Die »Military« wurde nach Aussonderung der letzten Exemplare in den 1990er Jahren durch die deutlich modernere »KTM 400 LC 4« abgelöst. Heute gibt es abgesehen von einigen Motorrädern für spezielle Aufgaben keine Motorräder bei der Bundeswehr mehr. Die moderne Kommunikationstechnik hat Kradmelder und damit auch die »Meldekräder« überflüssig gemacht.

Schon kurz nach Einführung der »Hercules« wurde Kritik laut – zu schwer, zu laut, schwachbrüstiger Motor. Allerdings kam diese Kritik, warum auch immer, überwiegend von der Fachpresse. Die Soldaten bekamen mit der »Hercules« ein im Vergleich zur bisherigen 250er »Maico« recht handliches Motorrad, das in ähnlicher Konzeption noch einige Jahre als Geländesportmaschine im Programm war – bis 1971 sogar mit der viel kritisierten Vorderschwinge. Weil »Maico« allerdings an einem Nachfolgemodell der alten »Bundeswehr-Maico« arbeitete, stellte auch »Hercules« für die IFMA 1976 einen entsprechenden Prototyp auf die Räder, denn natürlich wusste man in Nürnberg, dass es bei der Bundeswehr noch viele Nostalgiker gab, die der alten »Maico« nachtrauerten und dass Mai-

▲ *Die »K 125 Bw« in der Variante 1 entsprach bis auf Anpassungen für den militärischen Einsatz der Geländesportmaschine von 1969. Mit dem modernen Aluzylinder leistete sie 12,5 PS.*

▲ *»Military-Idee auf Verdacht«, titelte eine Motorrad-Zeitschrift ihren Bericht über die »Hercules 250 Military«, die tatsächlich eine olivgrün lackierte »GS 175« von 1976 mit Gepäckträger war. Es blieb bei diesem Einzelstück.* (Foto: Museum Industriekultur Nürnberg)

co versuchte, über alte Kontakte den Auftrag für ein Nachfolgemodell der »Military« an Land zu ziehen. Da wollte »Hercules« eben gewappnet sein. Die »Hercules 250 Military« war aber im Grunde genommen nur eine olivgrün lackierte 1976er Geländesportmaschine mit Soziusbank, Gepäckträger, Packtaschen und diversen Sturzbügeln. Seitens der Bundeswehr hat es aber nie ernsthaftes Interesse gegeben, weder an der »Maico« noch an der »Hercules«. Und so landete das Einzelstück ohne Weiterentwicklung im Museum. Dass die »K 125 Bw« deutlich besser war als ihr Ruf in den Medien, zeigt sich alleine an der Tatsache, dass sie etwa ein Viertel Jahrhundert bei der Bundeswehr Dienst schob.

Einen zweiten Frühling aber erlebten die beiden ersten Versionen, nachdem sie auch von Inhabern des Autoführerscheins gefahren werden durften, sofern dieser vor dem 1.4.1980 erlangt worden war. Nach einer Neuregelung des Zulassungsrechts zählten die »Militarys« nämlich nun zu den Leichtkrafträdern, weil sie mit 12,5 PS die entsprechenden Voraussetzungen erfüllten. Dies galt allerdings nicht für die 17 PS starke 180er. Der Run auf preiswerte ehemalige Bundeswehrmotorräder hat aber schon vor vielen Jahren nachgelassen. Weil die Ersatzteilbestände der Bundeswehr nach der Aussonderung der »Hercules« auf den freien Markt kamen, ist die Ersatzteilversorgung für die teilweise fünfzig Jahre alten Kräder noch weitgehend gesichert.

Kraft ohne Kribbeln – die »W 2000«

1970 sorgte auf der Internationalen Fahrrad- und Motorradausstellung IFMA in Köln eine Studie mit Wankel-Motor für großes Aufsehen. Mitte der Sechziger Jahre schien der Wankel-Motor das Triebwerk der Zukunft im Automobilbau zu sein. Die Vorteile lagen auf der Hand – wenige bewegte Teile, ein vibrationsfreier Lauf und hohes Drehmoment. Heute wissen wir, dass die Euphorie unberechtigt war. Neben »NSU« (Wankel Spider und RO 80) baute nur »Mazda« serienmäßig Autos mit Wankel-Motor. Die »C 111« genannten Studien von »Mercedes« waren nur Experimentalfahrzeuge.

Insbesondere die kompakte Bauweise machte den Wankel-Motor damals auch für den Einsatz in Motorrädern interessant. Dazu hatte die Konzernmutter »Fichtel & Sachs« die Lizenz für den Bau von Wankel-Motoren bis 30 PS, die für die unterschiedlichsten Anwendungen gebaut wurden. »Hercules« wollte mit dem futuristischen Motorrad – im Hinblick auf die damals noch weit entfernte Jahrtausendwende »W 2000« genannt – wieder ein großes Motorrad anbieten. Der Sachs-Motor stammte aus einem Schneemobil und von der Konzeption her bot sich ein Kardan-Antrieb an. Für die Studie griff »Hercules« der Einfachheit halber auf Getriebe und Hinterradantrieb einer BMW R 27 zurück. Dies allein verdeutlicht, dass die »W 2000« in der damals gezeigten Form kaum zur Serienreife weiterentwickelt werden konnte, denn BMW baute schon seit 1966 keine Einzylindermaschinen mit Kardanantrieb mehr. Die Umstellung auf Kettenantrieb erforderte jedoch eine Umlenkung zwischen Motor und dem von Rotax im österreichischen Gunskirchen zugelieferten Getriebe.

Eine Vorserienversion wurde 1973 an fünfzig ausgesuchte Händler ausgeliefert, die damit ihre Erfahrungen für den späteren Serienanlauf beisteuern sollten. Schon ein Jahr später stand im Herbst 1974 dann die endgültige Version in den Schaufenstern der Händler, die wegen des großen Lüfters zur Kühlung schnell den Spitznamen »Staubsauger« weg hatte.

»Kraft ohne Kribbeln«, titelte die Zeitschrift »Motorrad« 1975 den ersten Test der Serien-Wankel. Damit war einer der großen Vorzüge, nämlich der vibrationsfreie Lauf, treffend umschrieben. Das Fahrwerk gehörte, so die Tester, zum Besten, was man in der 250/350-Kubik-Klasse damals fand, aller-

▲ *»W 2000« – der Prototyp für das nächste Jahrtausend. Die mit einem Schneemobilmotor und BMW-Getriebe und -kardan ausgestattete Maschine sorgte auf der IFMA 1970 für Aufsehen. Das Foto entstand auf dem Werksgelände hinter dem Direktionsgebäude.*

▲ *Fünfzig Exemplare der gelben Vorserienmaschine wurden 1973 gebaut und ausgesuchten Händlern zum Testen überlassen. Deren Erfahrungen flossen in die spätere Serie ein.*

▲ *Die Serienversion der »W 2000« wurde ab 1974 verkauft. Das recht unförmig wirkende Gebläse verhalf der Wankel zum Spitznamen »Staubsauger«.*

▲ *Auch die 1976 modellgepflegte »W 2000 Injection« konnte die Zielgruppe nicht erreichen. Hoher Preis und hoher Verbrauch standen einem Erfolg im Wege, so dass Interessenten lieber zu einer vergleichbaren, aber deutlich preiswerteren japanischen 250er griffen.*

dings erst, nachdem der schmale 3.25er Hinterreifen gegen einen Dreieinhalb-Zöller ausgetauscht wurde. Während ein serienmäßiger H 4-Scheinwerfer damals positiv vermerkt wurde, gab es Kritik an der übrigen Ausstattung, die doch sehr an die Fünfziger aus dem »Hercules«-Programm erinnerte. Auch der lange Fußbremshebel erinnerte sehr an eine Fahrradgabel. Das Fazit des Tests war, dass allein der hohe Preis von damals über 4500,- DM einer weiteren Verbreitung im Wege stand. Als Käuferschicht wurde das »technisch interessierte Mittelalter« ausgemacht, jedoch wurde die »W 2000« kein Verkaufserfolg. Daran änderte auch die 1976 auf der IFMA gezeigte modellgepflegte »W 2000 Injection« nichts. Allerdings war hier mitnichten der Vergaser einer Einspritzung gewichen, die etwas irreführende Modellbezeichnung deutete auf eine separate Motorschmierung mittels Ölpumpe hin, während bei der ersten Serie Zweitaktgemisch in den Tank eingefüllt werden musste. Die »Injection« war an einem zweiten Einfüllstutzen auf dem Tank und an seitlichen Verkleidungen des Öltanks oberhalb des Motors erkennbar. Aber auch diese Verbesserungen konnten die Akzeptanz der »W 2000« bei den Motorradfahrern nicht wesentlich erhöhen. Motorschäden bei der ersten Serie, die allerdings sehr kulant geregelt wurden, ein hoher Preis, hoher Verbrauch und teilweise wenig wertig wirkende Anbauteile taten ein Übriges. Der »Staubsauger« blieb auf unseren Straßen ein Exot und als Sachs den Bau von Wankel-Motoren einstellte, bedeutete dies gleichzeitig auch das Aus für die »W 2000«.

Insgesamt wurden etwa 1800 Exemplare der »W 2000« gebaut, von denen ein großer Teil in die USA exportiert wurde. Die letzten Exemplare wurden Ende 1979 mit hohen Nachlässen an die Kunden gebracht.

▲ »Hercules – die Erste der Welt« – Werbeposter für die »W 2000« aus 1974.

Jungs, eure Fünfziger!

»Jawohl, es sind Motorräder«, so begann Ernst Leverkus, heute noch unter seinem Pseudonym »Klacks« legendär, 1970 seine Artikelreihe in der Zeitschrift »Motorrad«, damals mit einem Vergleichstest einer »Kreidler Florett RS« und einer »Maico MD 50«. »Jungs, eure Fünfziger« – diese mit viel Herzblut und Kompetenz geschriebenen Geschichten zeigten den »Jungs«, dass sie zur großen Motorradfamilie dazugehörten und für viele war Klacks' Begeisterung der Anstoß dazu, nach der Fünfziger auch auf größere Motorräder umzusteigen. Als die Serie erschien, waren die Kleinkrafträder, um die es hier ausschließlich ging, schon ein Jahrzehnt auf den Straßen. Ursprünglich eher als genügsames Alltagsfahrzeug gedacht, mit dem man auch Autobahnen benutzen durfte, weil dort ja bekanntlich eine Mindestgeschwindigkeit von 60 km/h gilt, entwickelten sich die Kleinkrafträder bis Mitte der 1970er Jahre zu echten »High-Tech«-Geräten, die sich mit Doppelscheibenbremse, Gussrädern, Wasserkühlung oder Verkleidung nur im Hubraum von größeren und teureren »richtigen« Motorrädern unterschieden.

Angefangen hatte es bei »Hercules« 1959 mit der »Sport 218 K«, die technisch auf dem »Sport-Moped 218« mit motorradähnlichem »Aufsetztank« basierte, aber im Gegensatz dazu einen fahrtwindgekühlten 3,2 PS starken Dreigang-Sachs-Motor mit Kickstarter hatte, der eine Höchstgeschwindigkeit von 65 km/h ermöglichte, immerhin gerade genug, um die Autobahn benutzen zu dürfen. Das Nachfolgemodell war die »220 K« von 1960, die ebenfalls auf einem Moped, dem »Typ 220« basierte. Den Unterschied – feste Fußrasten statt Pedale – sah man erst auf den zweiten Blick. Das Getriebe wurde immer noch mit einem Drehgriff am linken Lenkerende geschaltet. Die »220« gab es im Laufe der Jahre in beinahe unendlich vielen Varianten, wobei sich die Kleinkrafträder durch ein simples »K« für Kickstarter von den »MK« genannten Mokicks mit Kickstarter unterschieden, die nur 40 km/h schnell waren. Die »220« war ein echter Dauerbrenner, dessen Moped- und Mokick-Versionen bis 1972 im Programm waren.

Der Durchbruch bei den »losgelassenen Fünfzigern«, wie »Hercules« die Kleinkrafträder ohne Geschwindigkeitsbegrenzung beschrieb, erfolgte 1962, als »Sachs« den neuen »50/5«-Motor vorstellte, der später als »50 S« zu den meistverkauften Kleinkraftradmotoren überhaupt gehörte. Mit der »K 50« legte »Hercules« den Grundstein für ein erfolgreiches Konzept. Das letzte Kleinkraftrad mit dickem Zentralrohrrahmen und Vorderschwinge mit ölgedämpften Stoßdämpfern war die »K 50 RLC«, die 1979 den neuen 80-Kubik-Leichtkrafträdern weichen musste. Das war auch das Ende der antiquiert aussehenden, aber bewährten Vorderschwinge. Nun setzte man auf moderne Telegabeln von »Marzocchi«, die im Gegensatz zu den früheren »Hercules«-eigenen Telegabeln eine funktionierende Dämpfung boten.

Spektakuläre Werbeaktionen

In den 1950er und 1960er Jahren waren Langstreckentests populär, um zu zeigen, wie schnell und zuverlässig die Fahrzeuge waren. Schon 1954 war KTM-Chef Hans Trunkenpolz

▲ *Schneller als der D-Zug von Puttgarden an der Ostsee bis zur Schweizer Grenze fuhren die beiden K 50 und schafften einen Schnitt von 85 km/h. Da durfte selbst zum Tanken der Motor nicht abgestellt werden.*

▲ *Rund um die Welt in 22 Tagen – kein Problem für die beiden Fünfziger, die damit ihre Zuverlässigkeit bewiesen.*

und zwei Freunde mit ihren »KTM Tourist 125«-Motorrädern schneller als der Arlberg-Express von Paris nach Wien gefahren. Während heute vermutlich verstopfte Autobahnen ein solches Vorhaben vereiteln würden, gab es damals noch kein ausgebautes Autobahnnetz – trotzdem schafften die KTM-Fahrer es, die Fahrzeit des Express-Zuges auf der 1300 Kilometer langen Strecke um zwei Stunden zu unterbieten. Ungleich besser waren die Voraussetzungen für die »Hercules«-Versuchsfahrer, als sie versuchten, auf der sog. »Vogelfluglinie« von Puttgarden im Norden über Hamburg, Hannover und Frankfurt bis nach Lörrach an der Schweizer Grenze schneller als der D-Zug zu sein. Anders als bei der KTM-Rekordfahrt ging es nun zum großen Teil über die Autobahn. Weil es aber auch 1964 offensichtlich schon viel Verkehr gegeben haben muss, startete man nachmittags, um in der Nacht dem LKW-Verkehr auf den Autobahnen zu umgehen. Immer nur Vollgas, selbst zum Tanken wurde der Motor nicht abgestellt. Am Ende waren die 987 Kilometer in 11 Stunden und 31 Minuten zurückgelegt, ein Schnitt von sage und schreibe 85 km/h, dazu noch schneller als der D-Zug!

Damit hatte die neue »K 50« bewiesen, dass sie schnell war – aber wie sah es mit der Haltbarkeit aus? Am 11. August 1964 starteten zwei serienmäßige »K 50« mit verplombten Motoren zu einer Weltumrundung. Da es aber für die erste Etappe zu den im Oktober beginnenden Olympischen Spiele in Tokio keine Autobahn gab, so der Werbeprospekt, wählte man für die »Weltumrundung« die Autobahn von Nürnberg zum nordwestlich gelegenen Schlüsselfeld, gut 50 Kilometer lang. Der Verkehr, natürlich mit heutigen Verhältnissen nicht zu vergleichen, bot aber realistische Bedingungen für die damalige Zeit. Nach 22 Tagen und sieben Stunden hatten die beiden »K 50« den Erdball umrundet, die Kilometerzähler zeigten 40.138 Kilometer mehr an als beim Start. Angehalten wurde nur zum Fahrerwechsel, zum Tanken und zum Service, der etwas an die heutige Formel 1 erinnert. Wegen des damaligen Zweitaktöls, das nicht rückstandsfrei verbrannte, müssten die Auspuffe regelmäßig ausgebrannt werden, um sie von leistungshemmenden Verschmutzungen zu befreien. Bei der »Weltumrundung« wurde der Einfachheit halber gleich der gesamte Auspuff gewechselt, womit man natürlich viel Zeit sparte. Die Mechaniker konnten den Auspuff dann bis zum nächsten Service in Ruhe reinigen. Auch das zeitaufwendige Einstellen des Unterbrechers ersparten sich die Mechaniker, indem sie gleich die komplette Lichtmaschine mit zuvor penibel eingestellten Unterbrecherkontakten wechselten. An eine elektronische Zündung, wie sie heute selbstverständlich ist, war noch lange nicht zu denken. Am Ende hatten beide »K 50« die Welt mit einem Schnitt von 75 km/h »umrundet«, einschließlich der Standzeiten, eine ganz beachtliche Leistung für die 5,2 PS starken Fünfziger.

Gemeinsam mit der Zeitschrift »Motorrad«, die in der Titelgeschichte von Heft 25/1962 darüber berichtete, wurde eine Versuchsfahrt auf die Turracher Höhe organisiert, einem Pass zwischen Kärnten und der Steiermark, dessen Südrampe damals zu Recht als »Wagenschreck« bezeichnet wurde. Die sieben Kilometer lange enge Bergstraße mit Schotter, tiefen Querrinnen und einer Steigung von bis zu 32% stellten für ein 50-Kubik-Straßenmotorrad eine große Herausforderung dar. Die »K 50« schaffte die Strecke in 12 Minuten und 47 Sekunden, was einen Schnitt von 32,9 km/h bedeutet. Wenn auch in der zeitgenössischen »Hercules«-Werbung nicht darauf hingewiesen wurde, dürfte diese Zeit für die meisten »K 50«-Fahrer nicht zu schaffen sein. Hier hat kein Geringerer als »Hercules«-Werksfahrer Alfred Lehner am Gas gedreht, der sich durch Schotter und Geröll nicht schrecken ließ.

Neben diesen spektakulären Aktionen war »Hercules« noch mit unzähligen Medaillen erfolgreich, die Geländefahrer auf seriennahen Geländemaschinen errungen hatten. Allein im Sportjahr 1964 waren es 1041 Goldmedaillen. Natürlich durfte da auch eine sportliche Variante der »K 50« nicht im Programm fehlen. 1965 kam dann die »K 50 Sport«, äußerlich erkennbar an einem verchromten Tank mit rotem Streifen und Stoßdämpfern mit offenen Federn. Technisch entsprach die »Sport« aber weiterhin der serienmäßigen »K 50«.

▲ *In Rekordzeit über die Schotterpiste – die »K 50« fuhr mit einem Schnitt von fast 33 km/h auf die Turracher Höhe in Kärnten.*

Die Kleinkrafträder der frühen 1960er Jahre

▲ Abgeleitet vom »Sport-Moped 218« präsentierte »Hercules« 1959 die »Sport 218 K«. Der 2,2 PS starke Dreigang-Motor war an der Triebsatzschwinge befestigt, federte also mit dem Hinterrad. Zwar benötigte der Fahrer einen Führerschein, laut »Hercules« der »zünftigste Ausweis des jungen Menschen von heute«, dafür durfte er aber auch auf die Autobahn.

▲ *»Das Kleinkraftrad moderner Menschen«, so die Werbung über die »220 K«. Ein handgeschalteter 3,2-PS-Dreigang-Motor, 23-Zoll-Räder und 115 Millimeter große Bremsen waren eher mopedtypisch, aber die 65 km/h schnelle »220 K« war sowohl sozius- als auch autobahntauglich (1960–1961).*

▲ *1962 erschien die 75 km/h schnelle »220 K-4« mit gebläsegekühltem 4,3-PS-Viergang-Motor. Der Gepäckträger wurde zwar serienmäßig mitgeliefert, aber gesondert berechnet. Die Aufpreispolitik ist also keine Erfindung der heutigen Zeit.*

▲ *Die »K 50« war 1962 die Sensation auf dem IFMA-Stand von »Hercules«. Der neue Fünfgang-Sachs-Motor war zwar nominell nur 4,5 PS stark, aber anders als die »220 K-Modelle« mit mopedähnlichem Blechrahmen war die »K 50« ein richtiges kleines Motorrad.*

▲ *1965 wurde die Leistung der »K 50« mit 5,2 PS angegeben. Dazu gab es eine Sportausführung, die zwar technisch identisch war, aber mit offenen Federbeinen, verchromten Werkzeugkästen, einem rot abgesetzten Chromtank und schmalem »Rennlenker« mit polierten Sportarmaturen einen ganz besonderen Pfiff hatte.*

▲ *»Rocket-like acceleration« – mit »raketengleicher Beschleunigung« warb »Hercules« in den USA für die 7 PS starke »Sachs K 80 S« im »Big Bike look«. Auf Zweitaktgemisch konnten die Amerikaner verzichten, für die Schmierung sorgte nun eine Ölpumpe auf der linken Motorseite. Die Maschine wurde auch als »Westlake K 80 S« verkauft.*

◀ *Der »50 S«-Motor von »Sachs« gehörte zu den populärsten Motoren mit 50 Kubik. In den Geländemaschinen hatte er ein Sechsgang- statt des serienmäßigen Fünfgang-Getriebes. Das Bild zeigt die Ausführung mit dem eckigen »Breitwand-Graugusszylinder« von 1968.*

Die faszinierenden Fünfziger der späten 1960er und 1970er Jahre

1968 startete »Hercules« dann richtig durch und bot auf Basis der ausgereiften »K 50« eine ganze Palette faszinierender Kleinkrafträder an. Als erstes Modell wurde 1968 die rassige »K 50 Supersport« präsentiert. »Ein feuerroter Renner, der abgeht wie die Feuerwehr«, so die damalige Werbung. Rahmen, Vordergabel und Kotflügel – alles war in Feuerrot lackiert und neben dem bulligen Chromtank gab es zum Kontrast eine schwarze Höckersitzbank, ähnlich wie das die Zweirad Union ein Jahr zuvor mit der TS 159 Super vorexerziert hatte.

▲ *Die »K 50 Super Sport« war 1969 einer der Stars im »Hercules«-Programm. »Ein roter Feuervogel, den jeder kennt«, so die Werbung. Komplett in Rot lackiert mit Chromtank und schwarzer Höckersitzbank ist die »Super Sport« heute eine gesuchte Rarität.*

▲ *Im Juli 1969 waren die ersten Menschen auf dem Mond gelandet und auch die Londoner Carnaby Street, wo der Minirock erfunden worden sein soll und es in jedem Shop nach Räucherstäbchen roch, war total angesagt. Das ließ sich »Hercules« nicht entgehen und warb entsprechend für die »K 50 RS« ganz in Schwarz und Chrom.*

▼ *Für »Sparfüchse« gedacht war die abgespeckte »K 50 Standard« in »Bahamagelb« ohne viel Chrom. Später wertete die Marketing-Abteilung die Sparmodelle auf, die nun »Sprint« hießen, ansonsten aber unverändert blieben. Das Foto stammt von der Kölner IFMA 1968.*

Statt aus Blechprofilen bestand die Schwinggabel für das Vorderrad nun aus dickem Rundrohr, so wie das schon seit einigen Jahren bei den Geländemaschinen der Fall war. Der Sachs-Motor mit neuem »Breitwandzylinder« aus Grauguss leistete nun 5,3 PS, hatte also eine minimal höhere Leistung als die 5,2 PS starke »K 50«. »Schwarz und Edel wie ein Vollblutrennpferd« war hingegen das Top-Modell, die »Hercules K 50 RS«, komplett in Schwarz und Chrom mit rot abgesetztem Tank, verchromten Schutzblechen und hochgezogenem Auspuff.

Natürlich hatten die beiden Top-Modelle auch ihren Preis, der für manch einen sein Budget überschritt. Für Sparfüchse gab es deshalb die »K 50 Sprint« ohne Chrom und mit der Vordergabel und den kleineren Bremsen des Vorgängermodells »K 50«, aber immerhin mit dem 5,3 PS starken Motor

▲ »Superneuer Motor, überdimensional verrippt«. Neben dem neuen Aluzylinder erhielt das Top-Modell, nun »K 50 RX« genannt, einen gefälligeren Tank und andere Seitenverkleidungen. Die technischen Daten entsprachen denen der »K 50 RS« (1970).

▲ Ab 1972 gab es wieder neue Modellbezeichnungen und einen anders geformten Tank. Die »K 50 RE« war nun das Top-Modell mit hochgezogenem Auspuff. Das »E« in der Modellbezeichnung stand für »elektronische Zündung«, der Motor leistete nun 6,25 PS.

▲ Die »K 50 SX« trat 1970 die Nachfolge der »Super Sport« an. Genau wie diese war die »SX« komplett in Feuerrot lackiert. Neben dem schnittiger geformten Chromtank gab es nun eine Telegabel statt der bewährten Vorderschwinge.

▲ Die »K 50 SE« musste ohne den hochgezogenen Auspuff auskommen, war dafür aber sicher die bequemere Variante. Auch sie profitierte von der kontaktlosen »Motoplat«-Zündanlage und auch die bewährte Vorderschwinge war nun wieder zurück (1972–1974).

der anderen Modelle. Bis weit in die 1970er Jahre blieb die »Sprint« das preiswerte Einsteigermodell bei den Kleinkrafträdern. Nachfolger der »Super Sport« und der »RS« waren die ab 1970 erhältlichen Modelle »SX« bzw. »RX«, die sich neben einem großen Alu-Breitwandzylinder mit Fächerkopf durch einen gefälligeren Tank und andere Seitenverkleidungen von den Vorgängern unterschieden, aber ansonsten konsequent das Erscheinungsbild in Rot oder Schwarz/Chrom beibehielten. Ab 1972 verließ »Hercules« dann die eingeschlagene Linie und es wurde im Laufe der folgenden Jahre richtig bunt. »Racing-Gelb« oder »Gold-Orange« waren nur zwei der neuen Farben, aber die nun »RE«, »SE« oder »RL« genannten Modelle gab es auch in Blau oder Grün.

Einen richtigen Knaller landete »Hercules« dann 1976 mit der

▲ *Erst auf den zweiten Blick war die »K 50 Sprint« von den teureren Modellen zu unterscheiden. Sie musste noch mit dem alten 5,3 PS starken Graugussmotor und der einfacheren Telegabel auskommen.*

▲ *Die modellgepflegte »K 50 RL« war 1975 das Top-Modell von »Hercules«. Lackiert in Stratoblau mit silbernem Rahmen erhielt die »RL« ein neues Cockpit, Blinker und einen neuen tiefliegenden Auspuff.*

▲ *Das »Sport Bike« war als handliche Lösung für den Stadtverkehr gedacht. Mit dem 5,3 PS starken Motor war sie immerhin 80 km/h schnell. Das Minibike wurde in unterschiedlichen Varianten bis 1977 gebaut.*

▲ *Die »K 50 SL« war das Erfolgsmodell im »Hercules«-Programm. Für 1975 gab es aber auch hier ein neues Cockpit und einen neuen Auspuff. Eine Blinkanlage konnte problemlos nachgerüstet werden. Das Foto zeigt eine Exportausführung mit Telegabel.*

»Ultra«. Das feuerrote Spielmobil stellte alles in den Schatten, was es bisher auf dem Kleinkraftrad-Sektor gab. Leichtmetallräder, doppelte Scheibenbremsen im Vorderrad, natürlich hydraulisch betätigt, eine Cockpitverkleidung mit integriertem Scheinwerfer und eine Konsole mit Tacho, Drehzahlmesser und Kontroll-Leuchten für Blinker und Fernlicht übertrafen alles, was »Hercules« bisher gebaut hatte. Die Vorderschwinge wich einer modernen gedämpften Marzocchi-Telegabel, so dass auch das Erscheinungsbild der ausschließlich in Rot lieferbaren »Ultra« sehr motorradähnlich war.

»Der Marktführer startet mit der Ultra in eine neue Kleinkraftrad-Ära«, diese Ankündigung war nicht einmal übertrieben, denn die Konkurrenten mussten nun nachziehen. Ein Jahr später legte »Hercules« noch einmal nach und stellte mit der

▲ Dieser farbenfrohe Prospekt von 1975 bot einen Überblick über das Lieferprogramm vom Mokick »SB 3« bis hin zur »W 2000«.

▲ *Kleine Feuerwehr – die 1976 erschiene »Ultra« setzte Maßstäbe, was die Ausstattung betraf. Gussräder mit Doppelscheibenbremse im Vorderrad, eine hochwertige Marzocchi-Gabel und eine Cockpit-Verkleidung, dazu die feuerrote Lackierung. Die »Ultra« war unzweifelhaft das Objekt der Begierde.*

▲ *Gegen einen geringen Mehrpreis gab es die »Ultra« ab 1977 wahlweise auch mit dem flüssigkeitsgekühlten Motor als »Ultra LC« (für liquid cooled). Das auffällige Rot blieb auch weiterhin das Markenzeichen des kleinen Renners.*

»Ultra LC« eine wassergekühlte Version vor, die sich ansonsten optisch nicht von der luftgekühlten Variante unterschied. Spätere Ultra-Modelle wie die »Ultra II« waren deutlich dezenter lackiert, hatten dadurch aber den Wiedererkennungswert der »kleinen Feuerwehr« verloren.

So faszinierend die »offenen Fünfziger« auch waren, es konnte nicht übersehen werden, dass ihr letztes Stündlein geschlagen hatte. Exorbitant hohe Versicherungsprämien waren nicht mehr vom Taschengeld eines Jugendlichen zu bezahlen, dazu blies den Kleinkrafträdern auch politischer Wind entgegen, weil die Fünfziger als laut und unfallträchtig galten und durch 80-Kubik-Leichtkrafträder ersetzt werden sollten.

▲ *Auch die flüssigkeitsgekühlte »K 50 RLC« gab es neben der luftgekühlten »RL« auch weiterhin, bis sie durch die Achtziger abgelöst wurde. Erhältlich war sie in Irishgrün-Metallic, Stratoblau-Metallic oder in Karminrot. Nur in Stratoblau war die »K 50 Sprint« lieferbar, mit Speichenrädern schon optisch als Sparmodell erkennbar.*

▲ *Abgesehen von Modellpflegemaßnahmen und unterschiedlichen Lackierungen blieb die »K 50 RL« bis 1979 im Programm. Offenbar wollte man bei »Hercules« vor dem Hintergrund der kommenden 80-Kubik-Leichtkrafträder keine großen Investitionen mehr tätigen. Das Bild zeigt eine »RL« von 1977.*

Von einer Drehzahllimitierung und einer Höchstgeschwindigkeit von 80 km/h versprach man sich neben einem Sicherheitsgewinn auch leisere Fahrzeuge.

▲ *1977 warb »Hercules« mit einem Poster für die grüne »K 50 RL« mit Gussrädern. Die junge Dame auf der Sitzbank ist keine Geringere als Nastassja Kinski, damals eine der meistfotografierten Frauen der Welt.*

▲ *Ade, kleine Feuerwehr. 1978 trat die »Ultra II LC« die Nachfolge der roten »Ultra« an. Anders als bei der feuerroten »Ur-Ultra« war der Wiedererkennungswert der nun in Polarsilber und Irishgrün erhältlichen »Ultra II« jedoch eher gering. Dafür gab es aber einen verchromten Auspuff und einen Gepäckträger.*

DIE 1980ER JAHRE UND DER ANFANG VOM ENDE

Die Achtziger und die gelbe Gefahr

Als am 1. April 1980 die neue Leichtkraftradklasse mit damals maximal 80 Kubik und einer bauartbedingten Höchstgeschwindigkeit von 80 km/h auf die Straßen kam, wurde »Hercules« ebenso wie die anderen deutschen Hersteller von den Japanern kalt erwischt. Während Honda oder Yamaha preiswerte luftgekühlte Achtziger anboten, weil sie diese problemlos von ihren 125ern ableiten konnten, versuchten die europäischen Hersteller mit hochgerüsteten wassergekühlten Modellen dagegen zu halten, die natürlich ihren Preis hatten. In der Folge verloren sie erhebliche Marktanteile an die japanischen Firmen. Bei »Hercules« brachen die Produktionszahlen um 75 % ein, was zu zahlreichen Entlassungen führte. Ein gutes Beispiel, zu welchen im Grunde genommen verzweifelten Konzepten die Europäer damals in ihrer Not griffen, ist die Ultra 80 Chopper. Zur Ehrenrettung von »Hercules« sei gesagt, dass auch andere Hersteller wie »KTM« versuchten, mit Softchoppern den japanischen Siegeszug aufzuhalten und damit grandios scheiterten.

▲ *»Eine neue aufregende Erscheinung im Straßenverkehr« war die neue »Ultra 80« laut Verkaufsprospekt. Auf jeden Fall war das Design kantiger als bei den Vorgängermodellen ausgefallen. Auf der Habenseite indes standen eine 12 V-Drehstromlichtmaschine mit Halogenscheinwerfer, ein umfangreiches Cockpit und rahmenfeste Soziusrasten. Das hatte natürlich alles seinen Preis.*

▲ *Kernig, lässig und locker sollten die blaue Ultra 80 Chopper und ihr luftgekühltes rotes Pendant sein. Von der Basisversion unterschieden sie sich durch eine längere Gabel mit Rundscheinwerfer und einer mächtigen Stufensitzbank. Ein Erfolg wurden die beiden Softchopper aber nicht, sie waren nur von 1981 bis 1983 im Programm.*

▲ *Als Sonderausführung gab es die »Ultra 80 F« – das F stand für »Fahrschule«, bei der man anders als bisher bei den Kleinkrafträdern nun den Führerschein für die Achtziger erwerben musste. Die knappe, aber wenig elegante Scheinwerferverkleidung sollte vermutlich die Sturzschäden »im Falle eines Falles« gering halten.*

▲ *»Das Leichtkraftrad des Jahres 1981«, so das Ergebnis der Leserwahl der Zeitschrift »Motorrad«. Neben der »Ultra RS 80« mit Motorverkleidung gab es noch die preisgünstigere luftgekühlte »Ultra RS 80 AC« mit Cockpitverkleidung, Wie bereits bei den Chopper-Modellen entsprach auch die »RS« technisch der Basisversion.*

»Kreidler« strich 1981 die Segel, »Zündapp« musste 1984 zusperren und die Produktionsanlagen nach China verkaufen, wo die Achtziger als »Xunda« – was Assoziationen an den Namen »Zündapp« wecken sollte – noch einige Jahre weiter gebaut wurde. Anders als bei »KTM«, wo man mit den Sportmodellen noch ein zweites Standbein hatte, konnte »Hercules« nur auf die Fahrradproduktion setzen. Der Bau von käuflichen Wettbewerbsmaschinen war schon Ende der 1970er Jahre eingestellt worden und die eingesetzten 80er Geländesportmaschinen von Arnulf Teuchert und Erwin Schmider waren handgefertigte Einzelstücke ohne jeglichen Serienbezug, obwohl der Sporteinsatz ausschließlich als Werbung für die neuen Leichtkrafträder gedacht war. Zumindest konnte sich »Hercules« noch mit neuen Produkten wie z.B. Fitnessgeräten, über Wasser halten. Nur die »Hercules Military« blieb als einziges echtes Motorrad bis in die 1990er Jahre im Programm, zuletzt mit 180-Kubik-Sachs-Motor. Die »RS 125« hingegen war keine Entwicklung aus Nürnberg. Erwin Lechner, viele Jahre als Fahrer und Sportmanager für die Erfolge von »KTM« verantwortlich, hatte »KTM« zwischenzeitlich verlassen und war nun Geschäftsführer des österreichischen »Hercules«-Importeurs »Sachs-Zweirad-Verkaufs-GmbH«. Auf Basis der »Ultra RS 80« hatte er einen Zylinder mit 11 Millimeter größerer Bohrung konstruiert, der zusammen mit dem ansonsten serienmäßigen 80er Motor eine Leistung von 26 PS brachte, allerdings nur in der nicht zulassungsfähigen Version für den »Sachs RS 125 Cup«, einem der damals populären Markenpokale. Die Zeitschrift »Motorrad« spekulierte über eine zulassungsfähige Version mit 17 PS, die allerdings niemals realisiert wurde.

Auch die Übernahme des Sachs-Konzerns durch die Mannesmann AG im Jahr 1987 entschärfte die Lage nicht. Im Gegenteil: bei Mannesmann sah man die Zukunft eher in der Telekommunikation als im Bereich motorisierter Zweiräder. Weil immer mehr Hersteller, die bisher Sachs-Motoren eingebaut hatten, zusperren mussten, hatte das natürlich auch gravierenden Einfluss auf den Schweinfurter Motorenbau. Ein zukunftsweisender 125-Kubik-Viertaktmotor lief bereits auf dem Prüfstand, aber der Vorstand konnte sich nicht zu einer Serienfertigung entschließen und vertagte die Entscheidung Monat um Monat, bis schließlich die Konzernleitung 1997 die Einstellung des Motorenbaus beschloss. Gerüchteweise sollten we-

▲ *Ein Jahr nach der »Ultra 80« kam 1981 die luftgekühlte »Ultra 80 AC« auf den Markt, die aber mit einer einzelnen Scheibenbremse und an der Schwinge befestigten Soziusrasten eher in der Tradition des Sparmodells »Sprint« aus den Siebziger Jahren stand.*

▲ *Auch »Hercules« wollte auf der Endurowelle mitschwimmen, war doch Arnulf Teuchert mit seiner 80er »Hercules« gerade erst Deutscher Enduromeister geworden. Mit dem handgefertigten Werksrenner von 1981 hatte die etwas hausbacken daherkommende XE 9 allerdings keinerlei Ähnlichkeit, weder technisch noch optisch.*

▲ *»Leichtkraftrad des Jahres 1982« wurde die »RX 9« bei der Leserwahl der Zeitschrift »Motorrad«. Neben der bordeauxroten Version, die es sowohl flüssigkeits- als auch luftgekühlt gab, war die »RX 9« sogar mit Vollverkleidung lieferbar.*

▲ *»Ein Hauch von Hockenheim« umwehte die blau-weiße »RX 9« mit zusätzlicher Motorverkleidung im Prospekt. Sie sah in der Tat wesentlich sportlicher aus als die bis auf die Motorverkleidung völlig identische rote »RX 9«.*

sentliche Elemente später bei einem anderen Hersteller in die Serienfertigung eingeflossen sein. Heute ist es ein offenes Geheimnis, dass es sich dabei um »MZ« handelte. Die von Sachs stammende Grundkonstruktion wurde in Zschopau überarbeitet. So änderte sich beispielsweise die Neigung des Zylinders. Der fast senkrecht stehende Zylinder der ursprünglichen Konstruktion wurde von den Sachsen etwas despektierlich »Jauchepumpe« genannt, weil er an einen Standmotor erinnerte. Dazu wurde die Leistung des DOHC-Vierventilers auf die für 125-Kubik-Leichtkrafträder maximal zulässigen 15 PS gebracht. Von 2000 bis 2008 sorgte der Motor bei der MZ RT 125 für Vortrieb.

Vom letzten Sachs-Motor, einem Viertakter für Rasenmäher, wurden gerade einmal 60 Exemplare gefertigt, bevor im Schweinfurter Motorenbau endgültig das Licht ausging. Damit war die Sachs-Tochter »Hercules« auf Triebwerke fremder Hersteller angewiesen.

Die letzten »Hercules«-Motorräder

Nachdem die »K 125 S« Ende 1979 aus dem Programm genommen wurde, blieb die »Military« bzw. »K 125 Bw«, wie die Maschine »beim Bund« offiziell hieß, das einzige Motorrad, das noch von »Hercules« gebaut wurde. Bis 1985 diente die Military treu und brav, bevor sie einer behutsamen Modellpflege unterzogen wurde. Die stabile, aber schwere Vorderschwinge wich einer Marzocchi-Telegabel, die Schutzbleche (im wahrsten Sinne des Wortes) wurden durch weniger sturzanfällige Plastikteile ersetzt, der alte Rundscheinwerfer wich einem modernen Rechteckscheinwerfer. Soweit die augenfälligen Dinge. Aber auch technisch wurde Hand angelegt, die Zündung wurde kontaktlos, die Schaltung war durch eine geänderte Schaltstange nun wesentlich präziser und ein neuer großer Luftfilter verbesserte die Motorcharakteristik deutlich. Zur Unterscheidung vom neuen Modell wurde die alte Version nun »Variante 1« genannt, das Nachfolgemodell hieß folglich »Variante 2«. Die noch im Truppendienst verbliebenen Schwingen-Militarys wurden sukzessive auf das neue Modell umgerüstet.

Die nächste große Änderung gab es erst 1991, mehr als zwei Jahrzehnte nach Erscheinen der »Military«. Während das Fahrgestell mit dem markanten Tank unangetastet blieb, wurde die neue Military von einem knapp 180 Kubik großen Motor angetrieben, was ihr zur Modellbezeichnung »K 180 Military« verhalf.

Nach Harmonisierung des Führerscheinrechts auf EU-Ebene wurde für die 180er sogar eine besondere Fahrerlaubnisklasse geschaffen. Mit dem Führerschein AY dürfen bei der Bundeswehr Motorräder mit nicht mehr als 200 Kubik und 15 kW gefahren werden.

▲ *Die »K 125 Bw Variante 2« kam nun ohne die charakteristische Vorderschwinge aus. Ältere Modelle wurden umgerüstet. Die Varianten 1 und 2 entsprechen mit 125 Kubik und 12,5 PS den Bestimmungen heutiger Leichtkrafträder, so dass sie auch mit dem PKW-Führerschein gefahren werden dürfen, wenn dieser vor dem 1.4.1980 erworben wurde.*

▶ *Die »K 180 Bw« war das letzte »Hercules«-Motorrad. Die 17 PS starke Maschine wurde von 1991 bis 1993 gebaut, war aber bei der Bundeswehr noch länger im Einsatz, bevor sie von der KTM 400 LS-E abgelöst wurde. Heute gibt es bei der Bundeswehr keine »Meldekräder« mehr, die moderne Kommunikationstechnik ist schneller und sicherer.*

Die Motorroller von »Hercules«

Motorroller gehörten in den 1950er Jahren genauso zum Stadtbild wie heute die schnittigen Scooter. Als robuste Alltagsgefährte wurden sie überwiegend für den täglichen Weg zur Arbeit genutzt, dabei boten sie einen deutlich besseren Wetterschutz auf den damals noch schlechten Nachkriegsstraßen als die unverkleideten Motorräder. Für viele stellte sich also die Frage, ob es ein Motorrad oder ein Motorroller sein sollte, der allerdings nicht so sportlich war. Während »Glas« mit dem »Goggo«, »Heinkel« mit dem »Tourist«, »Maico« mit dem »Maicomobil« oder »Zündapp« mit der »Bella« mehr oder (meist) weniger elegante Roller bauten, konnte »Hercules« in den frühen 1950er Jahren nichts Entsprechendes anbieten. Erst in Kooperation mit den Nürnberger »Triumph-Werken« stellten die Franken dann den schlicht »R 200« genannten Roller auf die Räder, der von »Triumph« mit eigenem Motor, aber ansonsten baugleich als »Contessa« verkauft wurde. Der »R 200« wurde bis 1963 gebaut.

▲ *Der Besitzer dieses Rollers war ein begeisterter Alpenfan. Die Plaketten zeugen von seinen Touren über österreichische Pässe.*

▲ *»Ein Traum in Frühlingsgrün und Zartreseda« – der »R 200«-Roller wurde mehr als überschwänglich beworben. Der 10,2 PS starke Roller schaffte mit zwei Personen besetzt locker 90 km/h. Entstanden war der »R 200« in einer Gemeinschaftsproduktion mit Triumph und wurde bis 1963 gebaut.*

▲ *Der »J-Be-Scooter« war ein echter »Hercules«-Roller, wurde aber in den späten 1950er Jahren nur in den USA verkauft.*

Einen recht exotischen Status hat der »J-Be-Scooter«, ein Roller für den amerikanischen Markt, der vom Motor der »K 101« angetrieben wurde. Obwohl der »J-Be-Scooter« von der ersten bis zur letzten Schraube eine waschechte »Hercules« war, durfte er damals im englischsprachigen Raum bekanntlich nicht als »Hercules« verkauft werden, weil ein gewisser Henry Butler aus Derby/GB sich Anfang des vergangenen Jahrhunderts den Namen für die englischsprachige Welt hatte schützen lassen. Deswegen wurde der Roller in den USA unter den Initialen des Importeurs Joseph Berliner, kurz »J-Be«, verkauft.

Danach hat es aber keinen Roller mehr gegeben, der bei »Hercules« in Nürnberg gebaut wurde. Nach Auslaufen der »R 200«-Produktion bot »Hercules« den eleganten Roller »R 50 S« als Kleinkraftroller und in einer gedrosselten Ausführung als »R 50«-Mokickroller an. Bei diesem Roller handelte es sich tatsächlich um einen »KTM Ponny II« in der Export-Version mit Sachs-Motor, der bei »KTM« im österreichischen Mattighofen gefertigt wurde. Bis 1978 blieb der KTM-Roller im »Hercules«-Programm, zuletzt in einer Mokick-Version.

▲ *»Schneller und wendiger im Verkehr« – das galt schon in den frühen 1960er Jahren. Und Parkplatzprobleme gab es mit dem »R 50« in Blau und Beige auch nicht. Das Bild zeigt eine frühe Version mit kleinem Scheinwerfer.*

▲ *Ein Druck aufs Knöpfchen und Gas geben. Die Automatik macht kuppeln und schalten überflüssig. Den »City CV 80E« gab es in Rot oder Weiß und als »CV 50« auch als Mokick-Roller. Ähnlich wie beim »R 50/KTM Ponny« wurde der CV nicht bei »Hercules« gebaut, sondern bei Yamaha, wo er »CV 80 Beluga« hieß.*

▲ *In Österreich gab es den Roller als »KTM Ponny II« mit Puch-Motor, in Deutschland als »Hercules R 50 S« mit 4,3 PS starkem Sachs-Motor. Ein- und derselbe Roller. Der »R 50 S« war bis in die 1970er Jahre nicht aus dem Straßenbild wegzudenken. Bis 1978 wurde sogar der Mokick-Roller »R 50« verkauft.*

Nachfolger des KTM-Rollers war der Yamaha Beluga-Roller, der zunächst mit 50 Kubik, später auch in einer 80-Kubik-Version unter der Bezeichnung »Hercules CV 50/CV 80« verkauft wurde.
Mit steigender Popularität der Scooter in den 1980er Jahren gab es eine Vielzahl von Rollern unterschiedlichster Hersteller wie Peugeot, Malaguti oder SYM, um nur einige zu nennen, die von »Hercules« oder den Nachfolgefirmen in Deutschland vertrieben wurden. Diese Roller im Einzelnen aufzuführen, würde den Rahmen des Buches sprengen. Wie schon beim »R 50« handelte es sich dabei nicht mehr um »Hercules«-Konstruktionen.

▲ *Blick in die Moped-Produktion der 1960er Jahre*

Die Mofas, Mopeds und Mokicks

In den frühen 1950er Jahren begann die Massenmotorisierung mit Mopeds, die zu Beginn des Wirtschaftswunders für viele erschwinglich waren. Technisch handelte es sich dabei anfangs um einen stabilen Fahrradrahmen mit einem 50-Kubik-Motor mit Pedalantrieb, so dass das Fahrzeug notfalls auch mit Muskelkraft wie ein Fahrrad bewegt werden konnte. Der Begriff »Moped« – von »Motor« und »Pedale« setzte sich um 1953 für die neuen Fahrzeuge durch. Die amtliche Bezeichnung lautete »Fahrrad mit Hilfsmotor«, die nach der StVO anfangs abhängig vom Gewicht sogar führerscheinfrei gefahren werden konnten. Ab 1960 wurden die Fahrerlaubnisklassen vereinheitlicht und hatten bis Ende der 1970er Jahre Gültigkeit. Mit dem alten Führerschein der »Klasse 5« durften Mopeds und Mokicks mit einer »bbH« (bauartbedingten Höchstgeschwindigkeit) von 40 km/h gefahren werden, während der alte »Vierer« für die schnelleren 50 Kubik-Kleinkrafträder ohne Geschwindigkeitsbeschränkung erforderlich war. Beide Führerscheine konnten bis zum 1. Ap-

▲ *Die erste »Fünfziger« von »Hercules« wurde von einem »Zündapp«-Motor angetrieben. Die »213« entstand 1953 bei »Hercules« auch für »Triumph«, wo das Moped als »Knirps« verkauft wurde und für »Zündapp«, wo es »Combinette« hieß.*

▲ *Mit dem Moped »214« verabschiedete sich »Hercules« 1954 vom Zündapp-Triebwerk. Für Vortrieb sorgte nun ein 1,25 PS starker Sachs-Zweigang-Motor. Für den Komfort gab es nun eine gefederte Gabel und einen gepolsterten Schwingsattel und für die Sicherheit waren die nicht einmal bierdeckelgroßen Bremsen zuständig.*

ril 1980 ohne praktische Fahrschulausbildung erworben werden.

Eine weitere Zweiradklasse, die »Mofas«, kam am 23. April 1965 hinzu, als die rechtlichen Grundlagen geschaffen wurden. Mofas – nicht zu verwechseln mit den 98-Kubik-Motor-Fahrrädern der 1930er Jahre, waren konzeptionell den Mopeds ähnlich, mussten allerdings einsitzig sein und die Höchstgeschwindigkeit war auf 25 km/h beschränkt. Einen Führerschein brauchte man für ein Mofa, das schon von 15-jährigen gefahren werden durfte, nicht, allerdings wurde später eine Mofa-Prüfbescheinigung eingeführt. Heute dürfen Mofas, meist als Mofa-Roller, auch zweisitzig sein. Die fahrradähnlichen Pedale sind nun nicht mehr erforderlich.

Das erste »Hercules«-Moped, der »Typ 213«, war 1953 als Gemeinschaftsproduktion mit den Konkurrenten »Triumph« und »Zündapp« entstanden. Im Laufe der Jahre folgte eine fast nicht mehr zu überschauende Vielzahl von Moped-, Mofa- und Mokick-Modellen. Etwa 75 Basismodelle gab es in den unterschiedlichsten Varianten, oft nur an kryptischen Bezeichnungen wie »MK« oder »MKL« auseinanderzuhalten, die sich meist auf den Motortyp bezogen. »MK« waren beispielsweise Mokicks mit Kickstarter, das »L« deutete auf einen Lüfter, also Gebläsekühlung, hin und ein »H« stand für eine Handschaltung mittels eines Drehgriffs am linken Lenkerende, während

▲ *Offensichtlich wurde die junge Dame im weißen Kleid und keckem Hütchen von ihren Bekannten für ihre »Hercules 213« beneidet. Zumindest erlaubte der tiefe Durchstieg ein bequemes Aufsteigen auch mit langen Röcken.*

▶ *»Endlich sein eigener Herr sein«, war 1956 im Prospekt des neuen »Hercules«-Mopeds »216« mit dem »millionenfach bewährten Sachs-Motor« zu lesen. Dafür zierte im Zuge der Gleichberechtigung eine elegante Dame die Vorderseite der Broschüre.*

▲ »Steht es nicht da wie eine kleine Rennmaschine, so schnittig und elegant?« Sportmopeds wie die »Hercules 218« lagen Ende der 1950er Jahre im Trend. Hervorgehoben wurde die »Triebsatzschwinge«, wo der Zwei- oder Dreigang-Sachs-Motor an der Schwinge befestigt war und mitfederte.

»F« für Fußschaltung stand. Eine Systematik war wie schon bei den Motorrädern der 1950er Jahre nicht erkennbar, meist handelte es sich um reine Zählnummern wie »214«, »218« oder »220«, daneben gab es aber auch Bezeichnungen wie »L 50«, »City Bike« oder »Hobby Rider«. Eine gewisse Struktur gab es erst ab Ende der 1970er Jahre. Vorgelegt hatte die »K 50 Ultra«, im wahrsten Sinne des Wortes das non plus ultra unter den Kleinkrafträdern. Es folgten die »Prima« genannten Mofas, die Mopeds hießen »Optima« und die Mokicks »Supra«, was in allen Fällen sinngemäß so viel wie »erstklassig« bedeutete. Der Übersichtlichkeit halber soll dieses Kapitel auf die markantesten Moped-, Mofa- und Mokick-Modelle beschränkt werden.

◀ Fast so einfach wie Radfahren – die »Hercules 219 A Automatic« macht's möglich. Natürlich schaltet der 2,3 PS starke Zweigang-Sachs-Motor nicht wie eine herkömmliche Schaltautomatik, hier sind zwei Fliehkraftkupplungen am Werk, die abhängig von der Drehzahl den einen oder den anderen Gang »einlegen« (1959–1963).

◀ *Mopeds wie die schlichte ungefederte »221« mit gebläsegekühltem Sachs-Motor waren typisch für die 1960 Jahre. Das Bild zeigt eine Exportversion mit »Prior«-Aufkleber auf dem Tank.*

▶ *Fast anderthalb Jahrzehnte gebaut wurde die »220« in zahllosen Varianten vom Moped bis zum autobahntauglichen Kleinkraftrad. Das Foto zeigt ein Mokick »220 MKL« von 1963 – die Bezeichnung steht für Mokick mit Lüfter, also gebläsegekühltem Motor.*

◀ *Deutlich »motorradmäßiger« als die »220 MKL« sah die »220 MKLF« von 1964 aus. Der große Tank kaschierte den ursprünglich von einem Moped stammenden Blechrahmen. Das Foto zeigt eine »Prior«-Exportversion mit Fußschaltung.*

▲ *»Win on Sunday, sell on Monday« – dieser Spruch hatte auch schon in den 1960er Jahren Gültigkeit. Während Heinz Brinkmann, der Gesamtsieger der »Valli Bergamasche«-Geländefahrt neben einem »MK 50 Super 4«-Mokick mit Viergang-Motor posiert, bewundern die Buben seine Geländemaschine (1965).*

▲ *Natürlich gab es ab Mitte der 1960er Jahre auch von den Mopeds abgeleitete führerscheinfreie Mofas mit 25 km/h Höchstgeschwindigkeit. Das Bild zeigt eine »222 MF« mit Zweigang-Automatik-Motor und Hinterradfederung. Die ungefederte Version mit Handschaltung hieß »221 MFH« (1967).*

▶ *Die ungefederte »L 50« mit dem markanten Eingang-Motor und liegendem Zylinder war das preiswerteste Moped. Neben der Basisversion in »Goldorange« gab es die »L 50 Luxus« in »Metallic-Beige« mit Trommelbremse und einer Telegabel. Die »L 50« war auch als Mofa erhältlich (1968–1973).*

▲ *Eine »L 50« wird an einer der damals typischen »Zweitaktsäulen« betankt, bei denen der Tankwart zunächst 2 Liter in das Schauglas pumpte und dann über einen Schlauch in den Tank einfüllte. Auffällig ist die fahrradmäßige Felgenbremse am Vorderrad der Standardversion. (1968–1973).*

▲ *Für Bäcker, Fleischer oder Installateure bot »Hercules« den »Lastboy« an, der von jedem »Lehrbuben« gefahren werden durfte. Ursprünglich von »Rabeneick« gebaut, gelangte das Moped mit Übernahme des Bielefelder Herstellers zu »Hercules«. In Erinnerung blieb der bis 1974 gebaute »Lastboy« besonders als gelbes Postmoped.*

▶ *Die »MK 4« von 1969 entsprach optisch dem Kleinkraftrad »K 50«, hatte allerdings einen nur 2,8 PS starken Viergang-Motor. Die preiswertere Dreigang-Version mit gebläsegekühltem Motor hieß »MK 50«, war aber ansonsten baugleich.*

▲ *Bis in die frühen 1970er Jahre gab es den Dauerbrenner »220«, hier als zweisitziges »220 PL«-Moped mit Pedalen und Lüfter in der Ausführung von 1970.*

▲ *Highlights im Mopedprogramm von 1972 waren das »City Bike«, das Mokick »Sport Bike 2« und der »Hobby Rider«, bei dem man sich hinter dem Lenker ein bisschen wie Peter Fonda und Dennis Hopper im Film »Easy Rider« fühlen durfte (v.l.).*

▲ *Die »Honda Monkey« wurde in den 1960ern Trendsetter für Minibikes. Auch »Hercules« bot das »City Bike« mit 9 Zoll kleinen Rädern an. Einen praktischen Nutzwert in Innenstädten, wie der Name suggeriert, hatte das »City Bike« jedoch nicht. Das Bild zeigt ein spätes Modell mit eckigem Zylinder (1970–1973).*

▶ *Bis weit in die 1970er Jahre waren die Nachfolgemodelle der »L 50« mit dem bewährten Eingang-Automatik-Motor unter verschiedenen Typenbezeichnungen wie beispielsweise »MP 1« oder »P 1«, aber auch als Mofas wie »MF 1« oder »MF 2« (Bild), preiswerte Einstiegsmodelle.*

▲ Das Mofa »MF 3« unterschied sich von den deutlich preiswerteren »MF 1« bzw. »MF 2« durch einen konventionellen Rohrrahmen mit separatem Tank sowie einem handgeschalteten 1,5 PS starken Sachs-Zweigang-Motor mit gebläsegekühltem stehenden Zylinder. Gebaut wurde das »MF 2« von 1972 bis 1975.

▲ Der KTM-Roller in der Mokick-Variante »R 50« überlebte den schnelleren »R 50 S« um einige Jahre und blieb bis 1978 im Programm. Den Rekord des Originals konnte er aber nicht brechen. Der KTM »Ponny II« wurde ein Vierteljahrhundert gebaut und fiel erst 1988 dem Rotstift zum Opfer.

▲ Verwirrend auch die Typenbezeichnungen in den 1970ern. Das Mofa »M 3« und die Folgemodelle »M 4« und »M 5« unterschieden sich durch einen Rohrrahmen mit aufgesetztem Tank von den einfacheren Varianten »M 1« und »M 2« mit Stahlblechtank. Die entsprechenden Mopeds hießen »P 1« oder »P 3«.

▲ Erst auf den zweiten Blick vom Top-Modell »K 50 RE« war das Mokick »MK 4 M« zu unterscheiden. Der elegante Chromtank mit Streifen in »Gold-Orange« fiel ins Auge, allerdings federte vorne eine einfache Telegabel und auch der auf 40 km/h gedrosselte Motor hatte noch den Graugusszylinder aus den Sechzigern (1973).

▲ *Zehn Mofa- und Moped-Modelle vom »City Bike« bis hin zum zweisitzigen Moped »MP 4« enthielt der Verkaufsprospekt von 1974. Dem Stil der Zeit entsprechend natürlich mit einem bunten, aber wenig informativen Titelbild.*

▲ *1974 hatte bei »Hercules« die Zukunft begonnen. Das Mofa »Akkubike E 1« wurde elektrisch angetrieben und konnte an jeder Steckdose aufgeladen werden. Zwei 12-Volt-Autobatterien ermöglichten einen Aktionsradius bis 35 Kilometern, allerdings war das »E 1« damit auch wesentlich schwerer als ein konventionell angetriebenes Mofa.*

▲ »Der Mofa-Look für die 80er Jahre« – die »G 3« vereinte die technischen Vorgaben eines Mofas wie Pedale und Einsitzigkeit mit der Optik eines richtigen Motorrads. Allerdings zeigt die »G 3« auch mehr als deutlich, wie weit sie sich von der ursprünglichen Mofa-Idee eines »Fahrrades mit Rückenwind« entfernt hatte.

▲ Das Moped »Optima 505/1« wurde für den österreichischen Markt gebaut und dort unter der Marke »Sachs« in unterschiedlichen Versionen vertrieben. In Deutschland hieß die zweisitzige Version mit Kickstarter »Supra 2 D« (1979).

▲ Neue Akzente im Mofa-Bereich wollte »Hercules« mit dem Sportmofa »Prima Presto« und dem Enduro-Mofa »Prima Pronto« setzen, die sich im Wesentlichen durch Guss- statt Speichenräder und der Farbgebung voneinander unterschieden. Serienmäßig war der Gepäckträger, eine Vierfachblinkanlage kostete Aufpreis (1981).

▲ Die »Supra 4 Enduro« wurde als »echter Crosser« angeboten. Natürlich war das Mokick trotz der Startnummernschilder und der klappbaren Fußrasten alles andere als wettbewerbstauglich, aber für eine kleine Endurowanderung über unbefestigte Wege taugte die kleine Offroad-»Hercules« allemal (1980–1984).

▲ *Die Mokick-Reihe hieß ab 1979 »Supra«. Neben der »Supra 4« als preiswerte Version gab es die »Supra 4 GP«, der ihre Verwandtschaft zur »Ultra II« deutlich anzusehen war. Zu Beginn des neuen Jahrzehnts wurde die »GP« mit Scheibenbremse und einem Zylinder in der Optik der Geländesportmotoren deutlich aufgewertet.*

▲ *Ein Sportmofa im Motorradlook, das war die »Prima GX« von 1983. Ein Zentralrohrrahmen mit Unterzügen, Doppelcockpit, Gepäckträger und ein kräftiger Dreigang-Motor hatten natürlich ihren Preis für das wahlweise in Weiß oder Rot mit Chromtank lieferbare Mofa.*

▲ *Das Nachfolgemodell der »GX« war die »Prima GT«, die ab 1986 gebaut wurde und sich von der Vorgängerin in technischer Hinsicht nicht wesentlich unterschied. Auffällig war die rot/weiße Lackierung im Stile großer Sportmaschinen und der 8,5 Liter fassende Kraftstoffbehälter, der Tankstopps selten machte.*

▲ *Recht polarisierend wirkte die Lackierung der »KX 5«, eines 4 PS starken 50-Kubik-Mokicks mit 5 Gängen. Das Fahrgestell entsprach der »Ultra 80« aus den frühen 1980er Jahren. Erhältlich war auch eine Version ohne Cockpitverkleidung in dezentem »Jadegrün« (1984–1989).*

▲ Ähnlich wie die »Supra 4 Enduro« war das Enduromokick »XE 5« trotz der Startnummernschilder, einem breiten Lenker und dem hochgezogenen Auspuff alles andere als offroadtauglich. Immerhin bot das von 1984 bis 1986 gebaute Mokick eine auffällige Enduro-Optik für die Fahrt zur Pizzeria.

▲ »Prima 4« und »Prima 5« waren die preisgünstigsten Rohrrahmen-Mofas von »Hercules«. Während die »Prima 4« ein Automatik-Getriebe hatte, wurde das Zweigang-Getriebe der »Prima 5« von Hand geschaltet. Eine Tankfüllung genügte für etwa 275 Kilometer, sicher ein preiswertes Vergnügen.

▲ Die bis 1992 gebaute »ZX 1« stellte den Höhepunkt der Mokick-Entwicklung bei »Hercules« dar. Federwege von über 200 Millimeter ließen selbst die Geländemaschine von 1975 vor Neid erblassen, einen wassergekühlten 4,1-PS-Motor und eine Monoshock-Schwinge fand man sonst nur bei größeren Motorrädern.

▲ Ganz in der Tradition der alten »Saxonette« von 1938 stand die »Saxonette« aus den 1990er Jahren. Auch hier war der 0,7 PS leistende 30-Kubik-Motor direkt am Hinterrad befestigt. Für das 20 km/h schnelle »Leicht-Mofa« gab es keine Helmpflicht. Für die Sicherheit sorgte dafür helles Halogenlicht sogar mit Standlichtfunktion.

▶ Bis ins neue Jahrtausend gebaut wurden die Mopeds »Optima 50« und Mofas »Prima 5«. Hersteller war nach Verkauf des Namens »Hercules« nun die »Sachs Fahrzeug- und Motorentechnik GmbH« und entsprechend klebte auf dem Tank ein Sachs-Bikes-Schriftzug.

PROTOTYPEN UND KURIOSES

Im Laufe der Jahre entstanden bei »Hercules« zahlreiche Studien und Prototypen, die es nicht alle in die Serie schafften. Beim Stöbern im früheren »Hercules«-Archiv fanden sich aber auch einige Kuriositäten, von denen manche, wie beispielsweise das »Hercules Kart« oder das Schneemobil »Sno-tric«, sogar zu kaufen waren. Eine Auswahl davon soll an dieser Stelle präsentiert werden.

▲ Als es im Winter noch schneite, entstand dieses »Schneemotorrad« mit 175-Kubik-Motor und zwei Raupenbänder, die über Fahrradfelgen liefen. Kurvenfahrten müssen abenteuerlich gewesen sein, das »Schneemotorrad« blieb eine Kuriosität in der »Hercules«-Entwicklung.

◄ Als Telefone noch Fernsprecher hießen und aus Zellen statt mit Handys telefoniert wurde, stammt die Studie des Mokick-Rollers »Fendo«. Neben einem guten Wetterschutz gab es einen praktischen Stauraum unter der Sitzbank. »Hercules« entschied sich dann aber für den KTM-Roller »R 50«.

▲ *Als Nachfolger der »K 175 SE« gedacht war diese 175er mit dem 15-PS-Sportmotor der »K 176 GS«, von Geländefahrern wegen der Charakteristik respektvoll »Diesel« genannt. Im Fahrgestell der »K 102« entstanden mehrere Varianten, aber dann stellte Sachs die Produktion des Motors ein.*

▲ ▶ *Ende der 1950er wurde der Kartsport in Amerika erfunden und »Hercules« war der erste deutsche Hersteller, der 1962 einen solchen Minirenner als »Hercules Kart« anbot. Wer mehr Leistung wollte, schraubte einfach einen zweiten 5,4 PS starken 100-Kubik-»JLO«-Motor an die vorhandenen Befestigungen.*

▲ *Mehr Arbeitsgerät als zum Vergnügen waren die »Sno-tric« genannten Schneemobile, die es in verschiedenen Ausführungen mit 22 PS starkem 290-Kubik-Sachs-Motor gab. Gebaut wurde der »Sno-tric« in Schweden, wo es das Gefährt wahlweise auch mit kleineren »Husqvarna-Motoren« gab.*

▲ *Die Prototypen für die »Hercules Military« waren im Grunde genommen olivgrün lackierte Geländesportmaschinen. Die ersten Studien entsprachen der 75 Kubik »Boondocker« für den amerikanischen Markt, die letzten Prototypen waren 125er von 1969, sogar noch mit Graugusszylinder.*

▲ *Leider schaffte es der Prototyp der »K 125 X« in elegantem Weinrot nicht in die Produktion. Zu groß war offensichtlich die Ähnlichkeit mit der »K 50 SX«. Technisch identisch wurde die Serienmaschine 1971 in Schwarz mit einem gelben Tank aus dem »DKW«-Programm ausgeliefert. (Foto: Archiv Andy Schwietzer)*

▲ *Parallel zur Wankel-Entwicklung arbeitet man bei Sachs an einem Zweizylinder-Zweitakter mit 250 und 350 Kubik. Nachdem 1975 die ersten Erlkönige gesichtet wurden, folgte ein schmucker Prototyp namens »CC5« mit wassergekühltem 350er Motor. Das Projekt fiel aber erwartungsgemäß dem Rotstift zum Opfer.*

▲ *Eine Mischung verschiedener Baujahre ist diese »Sachs 125«. Während das Fahrgestell der »DKW TS 125« von 1969 entspricht, stammt der Motor mit Aluzylinder von der 1970er Military, die Ceriani-Gabel mit 160-Millimeter-Bremse, Tacho und Drehzahlmesser fanden sich 1974 in der »K 125 T« wieder.*

▲ *Ob diese Designstudie den Verkauf der »W 2000« beflügelt hätte, ist fraglich. Da gab es sicher elegantere Lösungen. Die Frage nach deren Alltagstauglichkeit stellte sich aber nicht mehr, weil Sachs seit Anfang 1978 keine Wankel-Motoren mehr baute.*

▲ *Auch mit Viertaktmotoren experimentierte man bei Sachs. Bei der Zweizylinder auf diesem Bild handelte es sich offensichtlich um eine japanische Maschine mit einer kantigen Tankverkleidung. Auch diese Maschine wird bestimmt niemand vermisst haben.*

▲ *1977 war diese »Hercules« mit dem Aufkleber »Supra GS« auf einer Messe zu bewundern, möglicherweise eine Studie für das spätere Enduro-Mokick »Supra 4 Enduro«. Im Gegensatz zu diesem fanden sich hier aber Elemente der Wettbewerbsmaschinen wie der Doppelrohrrahmen oder Auspuff.*

▲ *Dieses schicke Enduro-Moped von 1978 hatte wie die »Supra GS« einen an die GS-Modelle angelehnten Rahmen, auch die sonstige Optik entsprach den Wettbewerbsmaschinen. Sicher haben hier die Kaufleute den Daumen gesenkt, weil die hochwertigen Komponenten für ein Moped zu teuer waren.*

▲ *Die »Sonic«-Studie von etwa 1980 erinnert im Styling an die Prima-Pronto-Mofas, aber die Marzocchi-Gabel mit Doppelscheibenbremse stammt aus der »Ultra«, was für einen deutlich stärkeren Motor sprach.*

▲ ◥ *Das Mofa »Basic« in Orange und die blaue »Race«-Version entstanden etwa 1994. Keine der Stylingelemente fanden sich bei späteren Modellen wieder.*

Kapitel 2

DIE »ZWEIRAD UNION«

DIE VORGESCHICHTE

»Ich habe die Karre aus dem Dreck gezogen. Ich hatte den Mut, weil ich ein Homo novus bin«, rühmte sich recht unbescheiden Dr. Odilo Burkart im 8. November 1958 auf der Aktionärsversammlung der »Victoria AG« im Nürnberger Carlton-Hotel, wo die 1886 gegründete »Victoria AG« in »Zweirad Union AG« umbenannt wurde. Burkart, vom Spiegel in seiner Ausgabe 48/1958 als »Halbschwergewicht der Manager-Ära« bezeichnet, war ein Vertrauter von Friedrich Flick, der in den 1950er Jahren einer der reichsten Deutschen war und im Laufe der Jahre ein Imperium von mehr als 300 Firmen aufbaute. Burkart selbst war seit 1955 Vorstandsvorsitzender der Flick'schen Maximilianshütte im oberfränkischen Sulzbach-Rosenberg bei Amberg und selbst Inhaber der »Alumetall« in der Nopitschstraße im Nürnberger Süden. 1957 hatte er die in wirtschaftliche Schwierigkeiten geratene »Victoria« AG übernommen.

Der Abstieg der deutschen Zweirad-Industrie hatte schon Ende 1954 begonnen, als man die Führerscheinregelungen verschärft hatte. Motorräder mit 250 Kubik durften nun nicht mehr mit dem alten »Vierer«, also der Fahrerlaubnisklasse 4, bereits von 16-jährigen gefahren werden, sondern nun benötigte man den Motorradführerschein der Klasse 1, einschließlich Fahrschule und praktischer Prüfung. Hinzu kam, dass die Not der ersten Nachkriegszeit gelindert war und das Motorrad Mitte der 1950er Jahre an sozialem Prestige verlor, zumal es immer mehr Hersteller gab, die Kleinstwagen zu erschwinglichen Preisen anboten. Ein familientaugliches Motorrad mit Seitenwagen bot einschließlich der erforderlichen Bekleidung keine wesentlichen finanziellen Anreize mehr gegenüber einem Kleinstwagen, meist allerdings von einem Motorradmotor angetrieben.

Viele Motorradhersteller versuchten, auf diesen Zug aufzuspringen und ein Auto ins Programm zu nehmen, so auch »Victoria«. Wie bereits beim »Champion« von »Maico« oder dem »Zündapp Janus«, bei dem die Passagiere Rücken an Rücken saßen, wurde der »Spatz« von »Victoria« zu einem finanziellen Desaster. Die Schieflage des Motorradherstellers war natürlich auch der Bayerischen Vereinsbank nicht verborgen geblieben, die um ihre Kredite fürchtete und sich an Dr. Burkart wendete, dessen Alumetall sich vis-a-vis des hochmodernen, aber kaum ausgelasteten Victoriawerks in der Nürnberger Südstadt befand. Aber erst als die Gläubiger auf 30% ihrer Forderungen verzichteten und der Bayerische Staat eine Ausfallbürgschaft zugesichert hatte, übernahm Burkart die Aktienmajorität des traditionsreichen Zweiradherstellers. Mit harten Rationalisierungsmaßnahmen gelang die Sanierung.

Sicher nicht ohne Grund klopfte die Bank 1958 erneut bei Burkart an, als die Neumarkter »Express«-Werke, damals immerhin das älteste Zweiradwerk des Kontinents, am Boden lag. Allerdings war hier Vorsicht geboten, denn der Direktor Viktor Lentz war, wie der Spiegel damals berichtete, schwer alkoholkrank, was natürlich auch den Beschäftigten nicht verborgen geblieben war, die Tag für Tag Teile aus dem Werk schmuggelten und zuhause zu fertigen Motorrädern und Fahrrädern montierten. Diese wurden dann unter der Hand verkauft, einschließlich Service und Ersatzteilversorgung. Wie hoch der Schaden tatsächlich war, ließ sich nie feststellen, denn als die Kriminalpolizei ermittelte, ging die Lagerkartei in Flammen auf. Auf Druck der Banken wurde Lentz durch Rechtsanwalt Georg Gutmann als Alleinvorstand ersetzt, was mangels betriebswirtschaftlicher Kenntnisse die Situation jedoch nur noch verschlimmerte. Als im Sommer 1958 hunderte Wechsel zu Protest gingen, musste »Express« dem Amtsgericht die Zahlungsunfähigkeit mitteilen. Erst als auf Druck der Banken ein Konkurs abgewendet werden konnte und die Gläubiger auf 40% ihrer Forderungen verzichteten, übernahm Burkhart auch hier die Aktienmehrheit zu einem Kurs von gerade einmal 30%.

Ganz anders als bei »Victoria« und »Express« sah die Lage hingegen bei der dritten Marke aus, die Burkard seinem Imperium einverleibte – »DKW«. 1922 hatte das erste »DKW«-Motorrad in Zschopau die Werkshalle verlassen. Als Folge der Weltwirtschaftskrise fusionierte »DKW« mit den anderen mitteldeutschen Herstellern Audi, Horch und Wanderer zur »Auto Union«. Nach dem Zweiten Weltkrieg baute die Auto Union in Ingolstadt wieder »DKW«-Motorräder und Autos mit Zweitaktmotor, die anfangs jedoch noch auf Vorkriegskonstruktionen basierten. 1958 übernahm »Daimler-Benz« die Aktienmehrheit an der »Auto Union«, die Initiative war von Friedrich Flick, dem »Daimler-Benz«-Großaktionär, ausgegangen. Allerdings hatte Flick kein Interesse an Motorrädern, die bei der Entwicklung und Produktion neuer PKW-Modelle wie dem als Konkurrenten zum VW-Käfer gedachten »DKW Junior« eher hinderlich waren und so bot er seinem langjährigen Vertrauten Burkart die Zweiradsparte der »Auto Union« einschließlich aller Rechte, Patente und Werkzeuge an.

Die Automobilsparte der »Auto Union« produzierte weiter in Ingolstadt und Düsseldorf. Der »F 102« war das letzte PKW-Modell mit Zweitaktmotor, 1965 wurde er vom »F 103« mit Viertaktmotor abgelöst. »Daimler-Benz« ließ gleichzeitig auch die Marke »DKW« vom Markt verschwinden und belebte die zur »Auto Union« gehörende Marke »Audi« wieder, die seit Ende des Zweiten Weltkriegs nicht mehr genutzt worden war. Der »F103« wurde als »Audi 60« zum Erfolgsmodell, mit dem stärker motorisierten »Super 90« löste sich Audi vom Klischee des Hut tragenden »Sonntagsfahrers«. Seit 1966 gehört Audi zum Volkswagen-Konzern.

DIE VORGÄNGERMARKEN DER »ZWEIRAD UNION« – »VICTORIA«, »EXPRESS« UND »DKW«

»Victoria«

»Victoria«, die Marke mit dem Namen der römischen Siegesgöttin, war über sieben Jahrzehnte lang auch der Name eines der ältesten deutschen Zweiradherstellers, dessen Geschichte als eigenständiger Hersteller 1958 mit der Gründung der »Zweirad Union« endete.

1886, im gleichen Jahr wie »Hercules«, gründeten die Radsportler Max Frankenburger und Max Ottenstein in der Nürnberger Ludwig Feuerbach-Straße die Fahrradfabrik »Frankenburger & Ottenstein«, die 1895 in »Victoria Fahrradwerke AG« und weitere vier Jahre später in »Victoria Werke AG« umbenannt wurde. Ebenso wie auch »Hercules« baute »Victoria« damals Hochräder und die immer populärer werdenden Niederräder, konnte sich aber Anfang des Zwanzigsten Jahrhunderts der Faszination des motorgetriebenen Zweirades nicht entziehen. Bereits 1901 wurde in einen stabilen Fahrradrahmen ein 1,75 PS starker Viertaktmotor der Aachener »Fafnir«-Werke eingebaut, der das Gefährt auf immerhin 40 km/h beschleunigte. Weitere Modelle folgten, neben dem »Fafnir«-Motor kamen auch belgische FN- und Minerva-Motoren mit einem Zylinder und sogar als V 2-Viertakter zum Einbau. Große Stückzahlen hat es damals allerdings nicht gegeben, denn die »Motorräder« wurden nur auf Bestellung gebaut.

Ebenso wie die Fertigung von Autos wurde die Motorradfertigung Ende des Jahrzehnts wieder aufgegeben und erst Anfang der 1920er Jahre wieder aufgegriffen. Auch jetzt war an einen eigenen Motor nicht zu denken, aber die Bayerischen Motorenwerke boten einen 500 Kubik großen Boxermotor an, für den »Victoria« ein eigenes Fahrwerk baute, das keine Ähnlichkeit mit den Fahrradrahmen der Pionierzeit mehr hatte. Der etwa 6,5 PS leistende Halbliter-Boxer war quer eingebaut, was sich auf die Position der Kurbelwelle bezieht. Anders als bei den heutigen »BMW«-Boxern mit längsliegender Kurbelwelle befanden sich die Zylinder also nicht links und rechts, sondern vorne und hinten, jeweils in Fahrtrichtung gesehen. Die erste »Victoria« mit dem »BMW«-Boxer verließ 1920 die Fabrikhalle, allerdings wurde die KR 1 (KR für Kraft-Rad, 1 für erstes Modell) nicht lange gebaut, da »BMW« ab 1923 selbst Motorräder bauen wollte und den Motor nicht mehr an Konkurrenzfabrikate verkaufte. Martin Stolle, der Konstrukteur des BMW-Motors, verließ »BMW« und baute bei der Münchner Fabrik Sedlbauer eine weiterentwickelte Version seiner Konstruktion, die ab 1923 in der »Victoria KR II« sowohl in einer Soloversion als auch mit Seitenwagen zum Einsatz kam. Wenige Monate später kaufte »Victoria« die Firma Sedlbauer und wurde damit zum Motorenhersteller.

Bis in die späten 1930er Jahre erweiterte »Victoria« sein Programm mit Vier- und Zweitakt-Einzylindermaschinen, bei denen man teilweise auch weiterhin auf andere Motorenhersteller wie »Fichtel & Sachs«, »Columbus« oder »Sturmey Archer« zurückgriff.

Mit Beginn des Zweiten Weltkrieges wurde die Motorradproduktion bis auf die »KR 35 Pionier« eingestellt, da »Victoria« nun Rüstungsgüter wie beispielsweise Torpedo-Antriebe oder den »Riedel-Anlasser« baute. Bei dem Anlasser handelt es sich um einen kleinen Zweitakt-Boxer-Motor, der als Anlasser für die Strahltriebwerke der Messerschmitt ME 262, des ersten Düsenjägers der Welt, zum Einsatz kam.

In den Bombennächten des Zweiten Weltkrieges wurde das Victoriawerk stark zerstört und brannte bis auf die Grundmauern nieder. Nach Kriegsende gab es, ähnlich wie bei Hercules, einen Neuanfang, der allerdings zunächst mit Motorrädern nichts zu tun hatte. Waren es bei Hercules Milchkannen, so bauten die »Victorianer« einen Fahrradanhänger oder eine Ziegelputzmaschine, mit der Ziegelsteine aus dem Trümmerschutt vom Mörtel gereinigt werden konnten und damit als Baumaterial für den Wiederaufbau zur Verfügung standen. Später kamen Haushalts- und Nähmaschinen hinzu. Mit Zustimmung der amerikanischen Besatzung konnte schon 1945 die Motorradfertigung wieder aufgenommen werden, allerdings handelte es sich dabei nur um zivil lackierte KR 35-Militärmaschinen, die aus vorhandenen Ersatzteilen zusammengebaut wurden. Damit war die Demontage als ehemaliger Rüstungsbetrieb zumindest vom Tisch.

▲ *Im 2. Weltkrieg wurde das »Victoria«-Werk bis auf die Grundmauern zerstört.*

Als erste Nachkriegskonstruktion erschien dann der »FM 38«, ein Nachrüstmotor für normale Fahrräder mit 38 Kubik, der neben dem Hinterrad montiert wurde. Es folgten mehrere Moped-Varianten, »Vicky« genannt, und als Höhepunkt das schnittige Moped »Victoria Avanti« mit italienischem Flair, das es seit 1956 gab.

Die ersten richtigen Motorräder gab es ab etwa 1949 wieder, allerdings basierten sie zunächst noch auf Vorkriegskonstruktionen. Legendär wurde die V 35 »Bergmeister« mit 350 Kubik V 2-Motor und Kardanantrieb. Den Anfang vom Ende stellte aber wohl die Verpflichtung von Konstrukteur Norbert Riedel dar, der bereits den »Riedel-Anlasser« für

▲ *Ende der 1950er Jahre entstand in der Nürnberger Nopitschstraße 70 das neue moderne »Victoria«-Werk, später Firmensitz von »Hercules«. Wo einst das Verwaltungsgebäude stand, befindet sich heute eine Autowaschanlage.*

Strahltriebwerke gezeichnet hatte. Riedel hatte zwischenzeitlich auch einen Ruf als Motorradkonstrukteur, der aber eher zweifelhaft war, weil seine Konstruktionen seinen Ingenieurskollegen Schweißperlen auf die Stirn trieben. Ein Beispiel war seine »Imme« von 1947, ein quasi zweidimensionales Motorrad mit einseitiger Radaufhängung für Vorder- und Hinterrad. Der Auspuff diente gleichzeitig als Schwinge, bei der sich am vorderen Ende der 100-Kubik-Motor und am hinteren Ende das Hinterrad befand. Riedel war bei »Victoria« für den Peggy-Roller verantwortlich, der wie die »Imme« eine Triebsatzschwinge hatte und darüber hinaus elektromagnetisch geschaltet wurde.

Eine ähnliche Konstruktion, ebenfalls mit einem Fahrwerk aus vielen Alu-Druckgussteilen, war die Riedel'sche »KR 21 Swing« mit 200-Kubik-Motor. Auch hier wurde über die »SBS« genannte »Swing Blitz-Schaltung« geschaltet. Über einen Taster am Lenker bewegte eine Magnetspule die Schaltwelle mit dem Ziehkeil durch das Zahnradpaket des Viergang-Getriebes und sorgte so für den nötigen Kraftschluss. Die »Swing« floppte allerdings ebenso wie das konventionelle Nachfolgemodell »KR 17«, in der ein italienischer Viertakter von »Parilla« für Vortrieb sorgte. Beide Modelle ließen sich nicht kostendeckend verkaufen. Das Vierradabenteuer mit dem »Victoria 250« wurde endgültig zum finanziellen Desaster, so dass sich 1957 ein Verlust in Millionenhöhe angehäuft hatte und »Victoria« vor dem Aus stand.

▲ *»Victoria« gehörte zu den Pionieren unter den deutschen Motorradherstellern. Das Bild zeigt das erste Modell von 1901 mit 1 ¾ PS-Fafnir-Motor.*

▲ *Anfang der 1920er Jahre nahm »Victoria« den Motorradbau wieder auf, baute allerdings zunächst keine eigenen Motoren. Die KR 1 von 1920 wurde von einem Halbliter-Boxermotor von »BMW« angetrieben.*

▲ Das Modell »KR 6« trug wegen seiner Erfolge im Motorsport den Beinamen »Bergmeister« (1937).

▲ Auch nach dem 2. Weltkrieg gab es wieder eine »Victoria«-Bergmeister, nun aber nicht mit querliegendem Boxer-Motor, sondern mit einem 350 Kubik V 2-Motor und Kardanantrieb. Die »V 35« wurde von 1953 bis etwa 1955 gebaut.

▲ Die 200 Kubik »KR 21 Swing« mit elektrischer »Swing Blitz-Schaltung«, einem Fahrwerk aus Alu-Druckgussteilen und Triebsatzschwinge war ein Flop.

▲ Das letzte »Victoria«-Motorrad war die »KR 17« mit italienischem »Parilla«-Motor. Ebenso wie die »Swing« ließ sie sich nicht kostendeckend produzieren und wurde zu einem der Sargnägel für den Niedergang von »Victoria«.

▲ *Ebenso wie viele andere Motorradhersteller scheiterte »Victoria« mit dem Versuch, einen Kleinwagen zu bauen. Der als Sportwagen beworbene 14 PS starke dreisitzige »Victoria 250« war ebenfalls kein Erfolg und der Bau wurde nach nicht einmal 750 Fahrzeugen im Februar 1958 eingestellt.*

Die Neumarkter »Express«-Werke

Die Neumarkter »Express«-Werke galten viele Jahre als das älteste Zweirad-Werk in Europa. 1884 unter dem Namen »Velocipedfabrik Goldschmidt & Pirzer« gegründet, war Carl Marschütz, der bei der Ofenfabrik von Josef Goldschmidt gelernt hatte und seinen Chef von der Zukunft des Fahrrades überzeugen konnte, die eigentlich treibende Kraft. Bereits zwei Jahre später stellte sich Marschütz auf eigene Füße und gründete in Nürnberg die späteren Hercules-Werke. Anfang des neuen Jahrhunderts baute »Express« etwa zehn Jahre lang neben Fahrrädern auch Autos, später auch Motorräder mit Einbaumotoren verschiedener Hersteller. »Express« blieb zeitlebens ein Konfektionär und, ehrlich gesagt, ist heute keines der Motorräder, weder aus der Vorkriegs- noch aus der Nachkriegszeit, in bleibender Erinnerung geblieben. Die Motorfahrräder »SL« für Herren und »SDL« in der Damenausführung mit tiefem Durchstieg, beide mit dem 100-Kubik-Sachs-Motor aus der Zeit nach der Währungsreform, kennt heute kaum noch jemand. Und nur Insider wissen, dass die letzten Modelle die Typenbezeichnung »Radex« (für »Rad« und »Express«) trugen und die kleineren Mopeds »Radexi« hießen. Dass Mitte der 1950er Jahre bei »Express« sozusagen die Mäuse auf dem Tisch tanzten, weil die Katze aus dem Haus war und der Direktor eher einem guten Tropfen zugeneigt war als der Sorge um seinen Betrieb, wurde an anderer Stelle bereits erwähnt. Eine derart schwunghafte »Parallelproduktion« mit gestohlenen Teilen überlebt kein Hersteller lange, was letztendlich auch der Todesstoß für »Express« war.

▲ *Eine Besonderheit des »Radexi«-Mopeds von 1953 war der in den Blechrahmen integrierte Tank. Die Vordergabel war gefedert, aber ansonsten fanden sich viele Details aus dem Fahrradbau wie beispielsweise eine Rücktrittbremse oder Ausfallenden zum leichten Ausbau des Hinterrades.*

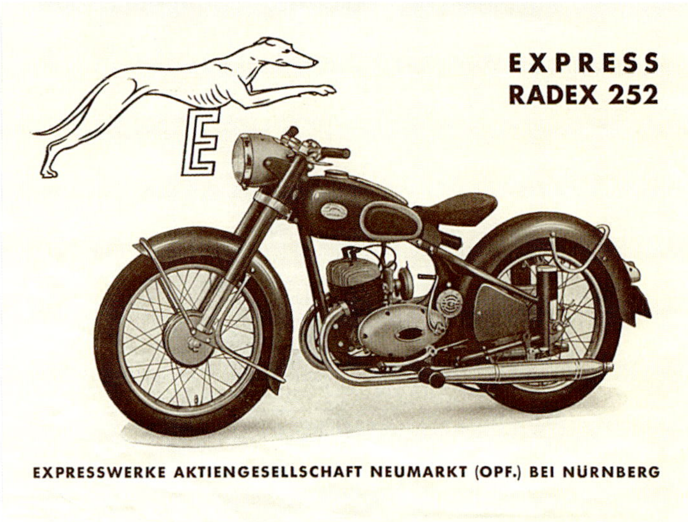

▲ *Die »Radex 252« von 1953 wurde von einem »JLO-Twin« vom Typ M 2x125 mit etwa 15 PS angetrieben. Gefedert wurde vorne mit einer gedämpften Telegabel und hinten mittels »Jurisch«-Geradwegfederung. Die 250er kostete damals 2025,- DM.*

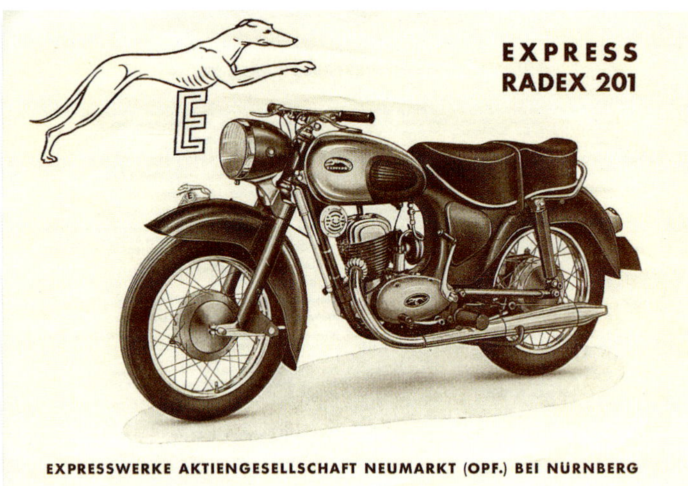

▲ *Die »Radex 201« folgte der »Radex 200«, hatte aber im Gegensatz zu dieser statt einer »Jurisch-Federung« bereits eine konventionelle Hinterradschwinge. Der 200er »JLO«-Motor leistete 11,2 PS, der eine Höchstgeschwindigkeit von 106 km/h ermöglichte, laut Prospekt allerdings nur bei »liegendem« Fahrer (1955).*

»DKW« – die Motorräder der Auto Union

Ganz anders als bei »Victoria« und »Express« hingegen lagen die Umstände bei der Auto Union mit ihrer Marke »DKW«, die wirtschaftlich als recht gesund da stand. Seit den 1920er Jahren des vergangenen Jahrhunderts fuhr man zweigleisig und baute neben Motorrädern auch Autos mit Zweitaktmotor. »Daimler-Benz« wollte seine Zweitmarke später unterhalb von »Mercedes« positionieren und da passten Motorräder nichts ins Konzept. Bis heute ist oft das Gerücht zu hören, dass »DKW« den Zweitaktmotor erfunden habe, was jedoch nicht den Tatsachen entspricht. Der »Zweitakter« wurde 1879 vom Schotten Dugald Clerk patentiert, um damit das Patent von Nikolaus August Otto, dem Erfinder des »Otto-(Viertakt) Motors« zu umgehen. »DKW« entwickelte den Zweitakter in den 1920er Jahren jedoch weiter und machte ihn nicht zuletzt mit der »Schnürle-Umkehrspülung« leistungsstark und alltagstauglich.

Nach seinem Ingenieursstudium blieb der Däne Jörgen Skafte Rasmussen in Sachsen und gründete 1904 mit einem Freund die Firma »Rasmussen & Ernst GmbH«, die Dampfkesselarmaturen konstruierte und vertrieb. Drei Jahre später gründete er in einer ehemaligen Spinnerei in Zschopau im Erzgebirge die »Zschopauer Maschinenfabrik«, in der er nun die Armaturen selbst herstellte. Als im Ersten Weltkrieg der Kraftstoff rationiert wurde, erinnerte er sich an ein mit Dampf betriebenes Straßenfahrzeug, das er in seiner dänischen Heimat gesehen hatte, und begann mit der Konstruktion eines derartigen Fahrzeuges, für das er sich hohe Absatzzahlen erhoffte. Das Projekt lief unter der Bezeichnung »D.K.W.«, was für »Dampf-Kraftwagen« stand. Nach Kriegsende bestand jedoch kein Bedarf an solchen Vehikeln mehr, aber Rasmussen griff die Idee seines Konstrukteurs Hugo Ruppe auf, kleine Zweitaktmotoren für die unterschiedlichsten Einsatzzwecke zu bauen. Damals waren Dampfmaschinen als Kinderspielzeug sehr beliebt und so entstand als Alternative zu diesen Spielzeugmaschinen ein kleiner Zweitakt-Verbrennungsmotor mit 18 Kubik. Die Motoren wurden ebenfalls als »D.K.W.« angeboten, was diesmal allerdings »des Knaben Wunsch« bedeutete. Der Spielzeugmotor fungierte quasi als Prototyp für

▲ *Der Däne Jörgen Skafte Rasmussen gilt als der Vater der Zschopauer Motorradindustrie. Wenn er den Zweitaktmotor auch nicht erfunden hatte, so machte er ihn in den 1920er Jahren alltagstauglich und trug damit zur Massenmotorisierung bei.* (Foto: Audi Tradition)

▲ *Als sportliche Maschine wurde die von 1937 bis 1941 gebaute »NZ 250« beworben, die gegen Aufpreis zeitweise sogar als Geländemaschine mit hochgezogenen Auspufftöpfen lieferbar war. Aber die 9 PS starke Maschine war auch gespanntauglich, wie das Foto beim Picknick im Grünen zeigt. Sicher war man da mit einer NZ 350 oder NZ 500 aber besser motorisiert* (Foto: Audi Tradition)

weitere größere Varianten, die als Fahrradantriebe auf dem Gepäckträger zum Einsatz kamen (sog. »Arschwärmer«) oder als Stationärmotoren zum Antrieb der unterschiedlichsten Gerätschaften dienten. Die Bezeichnung »D.K.W.« wurde beibehalten, diesmal bedeuteten die drei Buchstaben allerdings »Das Kleine Wunder«. Dieser Motor wurde nicht nur als Antrieb für Fahrräder unterschiedlichster Hersteller benutzt, sondern auch in eigene Rahmen eingebaut.

1922 entstand das »Sesselrad Lomos«, das mit seinem unter dem Fahrersitz (der tatsächlich die Form eines Sessels hatte) montierten Motor und kleinen Rädern als Vorläufer der späteren Motorroller angesehen werden kann. Um 1926 wurden bei »DKW« in Zschopau die Motorräder schon am Fließband gebaut, zwei Jahre später war »DKW« die größte Motorradfabrik der Welt. Mit der Weltwirtschaftskrise brachen die Verkaufszahlen sowohl bei den Motorrädern als auch bei den seit 1928 in Serie gebauten kleinen PKW mit Zweizylinder-Zweitaktmotoren ein. 1932 entstand die »Auto Union AG«, eine Notgemeinschaft in wirtschaftlichen Schwierigkeiten befindlicher sächsischer Autohersteller aus dem Raum Chemnitz. Neben Audi und Horch (Zwickau) und der Automobilabteilung von Wanderer (Chemnitz) zählten auch die »Zschopauer Motorenwerke« mit ihrer Marke »DKW« nun zur Auto Union.

1944 wurden die Werke bei den Bombenangriffen schwer beschädigt. In Anbetracht des russischen Einmarsches setzte sich der Vorstand in bereits amerikanisch besetztes Gebiet ab. Das Zschopauer Motorradwerk wurde demontiert, in der damaligen »SBZ«, der sowjetischen Besatzungszone, entstand die »IFA« (Industrievereinigung Fahrzeugbau), 1949 wurde die »Auto Union« aus dem Handelsregister Chemnitz gelöscht.

1950 wurde mit der »IFA RT 125«, einer der letzten »DKW«-Vorkriegskonstruktionen von 1939, der Motorradbau wieder aufgenommen. Ab 1952 firmierte das Werk unter der

▲ *Von 1936 bis kurz nach Kriegsbeginn gab es die 3 PS starke »RT 3« mit 100-Kubik-Motor, die häufig mit der »RT 125« verwechselt wird, die allerdings erst 1939 erschien. Besonders hervorgehoben wurde damals der sparsame Verbrauch der »RT 3«.*

(Foto: Audi Tradition)

Bezeichnung »VEB Motorradwerk Zschopau« (VEB: Volkseigener Betrieb), die RT 125 wurde als »MZ RT 125/2« weitergebaut. Der ursprünglichen »DKW RT 125« wurde auch die fragwürdige Ehre zuteil, das am häufigsten kopierte Motorrad der Welt zu sein. So waren die englische »BSA Bantam«, die amerikanische »Harley Davidson Hummer« und das erste »Yamaha«-Motorrad YA-1 reinrassige RT 125-Kopien, in Polen und der Sowjetunion benutzten gleich mehrere Hersteller die »DKW«-Konstruktionszeichnungen.

»DKW«-Motorräder aus Ingolstadt

Nach dem Zweiten Weltkrieg hatte sich ein Teil des früheren Auto Union-Managements in Bayern zusammengefunden, um die Ersatzteilversorgung für die vom Militäreinsatz verschonten «DKW»-Autos zu organisieren. Die Wehrmacht hatte damals die Fahrzeuge wegen ihres Frontantriebs verschmäht und deswegen nicht eingezogen. Im Herbst 1949 wurde in Ingolstadt die «Auto Union GmbH» gegründet. Schon zuvor waren die Planungen angelaufen, die Produktion der «RT 125» aufzunehmen, die als Unterscheidungsmerkmal zu den Vorkriegsmaschinen als «RT 125 W» (für Westdeutschland) gebaut wurde. Beibehalten wurde das Kürzel «RT», was vor dem Krieg für «Reichstyp» stand. Weil die Konstruktionsunterlagen in der damaligen «SBZ» geblieben waren, diente eine bei einem Händler verbliebene neue Vorkriegsmaschine als Vorlage. Insgesamt 500 Motorräder konnten 1949 bereits produziert werden, dazu kam etwa die gleiche Stückzahl eines kleinen Lieferwagens mit Zweitaktmotor. Ein Jahr später waren es schon 24.000 Motorräder, die nun statt der gummigefederten Gabel eine Telegabel und ein gefedertes Hinterrad hatten. Wieder ein Jahr später wurde eine 175er und eine 200er ins Programm genommen, 1953 verließ das 100.000. »DKW«-Motorrad die Ingolstädter Werkshalle. Mit einer 250er und einer 350er Zweizylinder folgten neue Modelle.

Aber Mitte der 1950er Jahre wurde auch »DKW« von der allgemeinen Krise auf dem Motorradmarkt erwischt und die Verkaufszahlen brachen ein. Der 75-Kubik-Motorroller »Hobby« mit stufenlosem Getriebe oder das Dreigang-Moped »Hummel« waren da verständlicherweise nicht in der Lage, das Ruder herumzureißen. Als »Daimler-Benz« 1958 die Auto Union GmbH übernahm, waren seit der »RT 125 W« über eine halbe Million Motorräder, Mopeds und Roller gebaut worden, aber der neue Besitzer war nur an der PKW-Produktion interessiert. Die Motorradfertigung war da nur ein Klotz am Bein. Schon früh wurden die »DKW«-Motorradhändler darüber in-

▲ *Neuanfang nach dem 2. Weltkrieg. Die »RT 125«, letzte Vorkriegskonstruktion von »DKW«, wurde nun fast unverändert als »RT 125 W« in Ingolstadt gebaut und zählt heute zu den am meisten kopierten Motorrädern weltweit.* (Foto: Audi Tradition)

▲ *Der 3 PS starke 75-Kubik-Roller »DKW Hobby« hatte als einer der ersten Motorroller ein Automatik-Getriebe. Zwei konische Scheibenpaare beeinflussten ähnlich der DAF-Variomatik über Fliehgewichte den Laufdurchmesser eines Keilriemens und damit die Übersetzung. Der von 1954 bis 1957 gebaute »Hobby« wurde danach noch einige Jahre in Frankreich weitergebaut.* (Foto: Audi Tradition)

▶ *Die »RT 175 S« trat im Herbst die Nachfolge der bewährten 175er mit Geradwegfederung am Hinterrad an. Das »S« stand nun für Schwinge. Auffällig war besonders der markante »Stachelschwein-Zylinder« des 9,6 PS starken Motors, der einer besseren Kühlung dienen sollte. Nach nur einem Jahr wurde die »S« durch die »VS« mit Vorderschwinge abgelöst.* (Foto: Audi Tradition)

formiert, dass die Motorradproduktion an die Nürnberger »Victoria«-Werke übergeben würde und deswegen die Händlerverträge gekündigt. Dass es letztendlich nicht »Victoria«, sondern die »Zweirad Union« als Nachfolgegesellschaft war, die die Zweirad-Sparte von »DKW« übernahm, ist da nur ein Detail in der langen Tradition des einst größten Motorradherstellers der Welt.

▲ *Die »BLM 175« entstand 1958 noch in Ingolstadt, obwohl sie häufig der »Zweirad Union« zugeordnet wird. Das ursprünglich als Nachfolger der »RT 175 VS« bzw. der »RT 200 VS« gedachte Modell war aber später Vorlage für die legendäre »Blechbanane« der »Zweirad Union«, wenn auch nur mit 50 Kubik.*

▲ *Die erfolgreiche »DKW Hummel« war 1956 eins der ersten Mopeds mit Dreigang-Motor. Nach Übernahme durch die »Zweirad Union« stand der Name »Hummel« für weitere Fahrzeuge mit dem »DKW«-Logo auf dem Tank.* (Foto: Audi Tradition)

▲ *Die »Auto Union« war als Submarke von »Mercedes« gedacht und der »DKW« Junior sollte den »VW Käfer« herausfordern. Im Hintergrund zwei »AU 1000« am Brandenburger Tor vor dem Bau der Berliner Mauer.* (Foto: Audi Tradition).

DIE ZWEIRAD UNION

Von der Eigenständigkeit zur Exportmarke von »Hercules«

Nach Gründung der »Zweirad Union« konzentrierte Burkhard die Produktion im modernen ehemaligen »Victoria«-Werk in der Nürnberger Nopitschstraße 70, das damit deutlich besser ausgelastet werden und günstiger produzieren konnte. Für den kaufmännischen Teil war der Vorstandsvorsitzende Heinz Tschech verantwortlich, technischer Direktor war der von »DKW« nach Nürnberg gewechselte Ing. Franz Ischinger. Die »Victoria«-Sargnägel Parilla und Swing, die zum Schluss nur noch mehrere hundert Mark unter den Herstellungskosten losgeschlagen werden konnten, verschwanden aus dem Programm, das sich zunächst neben den Motorrädern »Victoria Avanti 100« und »DKW RT 175 VS« bzw. »200 VS« auf gut verkäufliche Mopeds der drei Vorgängermarken wie beispielsweise der »Victoria Avanti« oder der »DKW Hummel« beschränkte. Die Fahrradproduktion wurde im alten »Express«-Werk in Neumarkt beibehalten. Man setzte auf Bewährtes, Neuentwicklungen mussten zunächst einmal zurückstehen.

▲ *Heinz Tschech war unter der Burkhard-Ägide Vorstandsvorsitzender der »Zweirad Union«. Später war Tschech als Generaldirektor der Tucher-Brauerei Nürnbergs »berühmtester Brauer«.*

Ende 1959 wurden Gespräche zwischen der »Zweirad Union« und »NSU« publik. Mitte der 1950er Jahre war die Firma aus dem nordbadischen Neckarsulm mit über 350.000 Fahrzeugen der größte Motorradhersteller weltweit. Es ging um eine Kooperation hinsichtlich der Typenbereinigung und eines gemeinsamen Vertriebs der beiden Firmen. Wäre es zu einer derartigen Zusammenarbeit zwischen der »Zweirad Union« und »NSU« gekommen, hätten die beiden Firmen mehr als 50% des deutschen Marktes beherrscht. Da müssen wohl im benachbarten Schweinfurt bei »Fichtel & Sachs« die Alarmglocken geschrillt haben, weil der unterfränkische Hersteller von Einbaumotoren um seine Marktführerschaft bangte, nachdem Konkurrent »JLO« aus dem schleswig-holsteinischen Pinneberg den Bau von Zweitaktmotoren für Motorräder gerade erst eingestellt hatte.

▲ *Franz Ischinger, früher Produktionsleiter bei »DKW« in Ingolstadt, wurde mit der Übernahme von »DKW« durch die »Zweirad Union« deren technischer Direktor im Werk Nürnberg.*

Anfang 1960 bot »Fichtel & Sachs« an, die gesamte Motorenproduktion für die »Zweirad Union« – immerhin 120.000 Stück jährlich – nach Schweinfurt zu verlegen und im Gegenzug Fertigungsaufträge aus dem »Automotive-Bereich« wie beispielsweise die »Saxomat-Kupplung« – eine elektropneumatische Kupplungsbetätigung für PKW – zu erteilen. Die »Zweirad Union« wäre dadurch zu einem reinen Konfektionär degradiert worden und wirtschaftlich in ein Abhängigkeitsverhältnis zu »Fichtel & Sachs« als Motorenlieferant geraten.

Nur wenige Monate später wurde »Fichtel & Sachs« mit einem anderen Vorschlag in Nürnberg vorstellig. Man sei aufgrund von Kapazitätsschwierigkeiten auf der Suche nach einem Hersteller, der die Fertigung des gesamten Kleinmotorenprogramms von »Fichtel & Sachs« übernehmen könne. Dieses an und für sich lukrative Angebot, das eine Auslastung der Kapazitäten im Nürnberger Werk sicherte, hatte allerdings einen Haken. »Fichtel & Sachs« verband das mit einem unter-

▲ *Das frühere Direktionsgebäude in der Nopitschstraße 70 machte erst 2004 Platz für den heutigen »Herkules-Park«*

▲ *Die EDV der späten 1950er Jahre. Als Speichermedien wurden damals sogenannte »Hollerith-Lochkarten« genutzt, die natürlich einzeln programmiert werden mussten.*

nehmerischen Einfluss. Konkret: »Fichtel & Sachs« machte das davon abhängig, 51% des Aktienkapitals der »Zweirad Union« zu erwerben. Dazu hätte die »Zweirad Union« die »Nürnberger Hercules-Werke«, die zum Sachs-Konzern gehörten, übernehmen müssen, um eine sinnvolle Marktbereinigung durchzuführen. Dadurch wären die über 2.000 Arbeitsplätze in Nürnberg allerdings bis auf weiteres gesichert gewesen.

Um es kurz zu machen: die Verhandlungen scheiterten im Sommer 1960, weil es trotz überwiegender Übereinstimmung unterschiedliche Auffassungen über den Wert der »Zweirad Union« zwischen Dr. Burkart und »Fichtel & Sachs« gab.

Das Programm bestand inzwischen ausschließlich aus »Fünfzigern«, die unter den Logos von »DKW«, »Victoria« und »Express« verkauft wurden. Was fehlte, war ein Motorroller, so wie beispielsweise der »KTM Ponny«, der in Deutschland als »Gritzner DLS« (»De Luxe Spezial«) zu den erfolgreichsten Scootern jener Zeit gehörte. »NSU« hatte die Lizenzfertigung des italienischen »Lambretta-Rollers«, der in den 1950er Jahren genau so populär wie die ebenfalls italienische »Vespa« war, eingestellt, so dass die »Zweirad Union« in die Bresche sprang und die Roller nach Deutschland importierte und hier auch vertrieb.

Nur ein Jahr später übernahm der Nürnberger Industrielle Karl-Heinz Schmidt, Inhaber der »FAUN«-Werke (Fahrzeugfabrik Ansbach und Nürnberg), die Aktienmehrheit der »Zweirad Union«. »FAUN« stellte damals Kommunalfahrzeuge (Müllwagen und Löschfahrzeuge für die Feuerwehr), Autokrane, Zugmaschinen und Schwerlastfahrzeuge überwiegend für die Bundeswehr her und hatte in der Vergangenheit bereits Fertigungsaufträge an die »Zweirad Union« vergeben. In diese Zeit fallen neue Modelle, die noch unter der Burkhart-Ägide entwickelt worden waren wie beispielsweise der Typ 155, heute noch als »Blechbanane« legendär, oder »Typ 166«, das erste Kleinkraftrad mit Fünfgang-Motor, und der »TS 159 Super«, für viele auch heute noch das schönste Kleinkraftrad jener Zeit.

Neben dem Bau von Zweirad Union-Mopeds und Kleinkrafträdern nutzte »FAUN« das Werk zur besseren Auslastung auch für andere Fahrzeuge. So entstanden dort Kofferaufbauten für den Bundeswehr-Unimog oder 1,5 Tonnen-Einachs-Anhänger für Militär-LKW ebenso wie der »FAUN Eilfrachter«, ein kleiner LKW mit einer Nutzlast von bis zu 2,75 Tonnen. Auch der skurrile »Kraka« (Kraftkarren) wurde bei der Zweirad Union entwickelt, zunächst mit 16 PS starkem Zweitaktmotor des Kleinstwagens »Goggomobil«, später mit dem 10 PS stärkeren Boxer aus dem BMW Kleinwagen 700. Wegen der späteren Übernahme durch »Fichtel & Sachs« wurden die Krakas allerdings nicht mehr von der »Zweirad Union«, sondern von »FAUN« selbst gebaut.

Heute wird der Kraka oft fälschlicherweise als »Quad« bezeichnet, allerdings handelt es sich beim Kraka im Gegensatz

▲ *Eine ruhige Hand fordert die Linierung der Moped-Tanks.*

zu einem auf Motorradtechnik basierenden »ATV« – einem »All Terrain Vehicle« mit Fahrersitzbank und Motorradlenker – um ein eher automobilähnliches Fahrzeug mit Lenkrad. Bei der »Zweirad Union« wurden sogar 1/3 aller »Bundeswehr-Maicos« gebaut, da die Kapazitäten beim schwäbischen Hersteller, der Motor und weitere Teile zulieferte, nicht ausreichten. Möglicherweise hatte es da aber auch eine gewisse politische Einflussnahme von Franz-Josef Strauß, dem damaligen Verteidigungsminister, gegeben, der einen Teil des lukrativen Bundeswehrauftrages nach Bayern »umleiten« wollte.

Aber auch »FAUN« konnte das Werk mit seinen immerhin 2000 Mitarbeitern neben der Mopedproduktion nicht auslasten und suchte nach einem Käufer. Im Spätsommer 1965 verdichteten sich Gerüchte, dass »Fichtel & Sachs«, zu dem bereits der im Gegensatz zur »Zweirad Union« deutlich kleinere Motorradhersteller »Hercules« mit damals etwa 600 Mitarbeitern gehörte, wieder an der Übernahme interessiert sei, nachdem die Verhandlungen noch vor fünf Jahren gescheitert waren. »Fichtel & Sachs« würde damit mehrere Fliegen gleichzeitig mit einer Klappe schlagen. Zum einen hätte sich aus der Sicht von »Fichtel & Sachs« ein Neubau für das veraltete und noch aus dem vergangenen Jahrhundert stammenden Hercules-Werk in der Fürther Straße erübrigt, zum anderen hätte man mit der Übernahme einen Konkurrenten von Hercules unter Kontrolle gebracht, der neben Kreidler und Zündapp eigene Motoren baute und damit als Abnehmer für Sachs-Motoren ausfiel. Dazu wäre Fichtel & Sachs noch an die Markenrechte von »DKW« gelangt, die weltweit immer noch einen hervorragenden Ruf hatten und zukünftig als Exportmarke genutzt werden könnten. Nicht zuletzt dürfte die »Zweirad Union« wegen der schlechten Auslastung und rebellierender Kleinaktionäre für Schmidt vermutlich ein Klotz am Bein gewesen sein im Verhältnis zum hohe Gewinne abwerfenden »FAUN«-Werk.

Fichtel & Sachs übernimmt die Zweirad Union

Ende 1965 bestätigten sich die Gerüchte über eine Übernahme der »Zweirad Union« durch »Fichtel & Sachs«. Schon 1966 erfolgte der Umzug von »Hercules« in die Nürnberger Nopitschstraße. Ab diesem Zeitpunkt wurden alle Zweirad Union-Modelle vom Mofa »Typ 110« bis zum Topmodell »TS 159 Super« nach und nach mit Sachs-Motoren ausgerüstet. Ein schickes leichtes Motorrad mit 100 Kubik und Doppelrohrrahmen kam über den Prototypenstatus nicht hinaus, tauchte aber fast zehn Jahre später im »Motorrad-Katalog« als »Saund 100« auf, gebaut von der »Saund Zweirad Union« in Neu-Dehli/Indien, die die Fertigungsrechte übernommen hatte. Sogar ein Import nach Deutschland war seinerzeit beabsichtigt, allerdings kam es nie dazu. Stattdessen gab es ab 1968 die »DKW TS 125« mit Fünfgang-Sachs-Motor im »Hercules«-Fahrgestell.

Die Marke »Express« wurde ab 1966 nur noch für Fahrräder gebraucht und auch der Name »Victoria« verschwand etwa 1970, verblieb aber bis 1995 ungenutzt bei der »Zweirad

Union AG«, bevor die Namensrechte an die Hermann Hartje KG in Niedersachsen übertragen wurden, die seither wieder Fahrräder unter dem Traditionsnamen »Victoria« baut. Nur »DKW« überlebte bis 1977, allerdings ab 1974 nur noch auf dem Tankemblem ansonsten baugleicher »Hercules«-Motorräder und Geländesportmaschinen, überwiegend für Exportmärkte wie Italien. Ab 1978 wurden sowohl »Hercules«- als auch »DKW«-Geländesportmaschinen unter dem einheitlichen Namen »Sachs« verkauft. Damit endete der aktive Teil der »Zweirad Union« als Fahrzeughersteller ziemlich genau 20 Jahre nach der Aktionärsversammlung im Nürnberger Carlton-Hotel. Die alte »Zweirad Union« überlebte noch bis 2004 als »Zweirad Union Grundbesitz AG« für das ehemalige Werksgelände in der Nopitschstraße, wurde dann aber mit der damaligen »Sachs Fahrzeug- und Motorentechnik« verschmolzen. Die Marke »Zweirad Union« existierte ungenutzt weiter und war zuletzt im Besitz der späteren »Zweirad Union Fahrzeugtechnik GmbH«, die aber am 27.6.2014 liquidiert wurde.

Bewährte Modelle zum Neuanfang

Vorab gesagt: nach Gründung der »Zweirad Union« sollten die erfolgreichen Modelle der Vorgängerfirmen zunächst ohne große Änderungen weitergebaut werden, erst ab 1960 sollte das Programm gestrafft werden, was unternehmerisch auch in gewisser Weise nachvollziehbar ist. Allerdings entschließt sich es sich der Logik nicht unbedingt, weshalb die einzelnen Modelle nun unter drei verschiedenen Marken im Programm waren. So war beispielsweise die »Victoria Avanti« neben einer Moped- und einer Kleinkraftradausführung auch als »DKW Violetta« und als »Express Carino« im Angebot, jeweils mit Fahrtwind- oder Gebläsekühlung. Und als wäre das nicht genug, gab es auch nach 1960 zusätzlich weitere Modelle – die »Blechbanane« in der Mokickausführung wurde als »DKW Hummel 115«, als »Victoria 115« und als »Express 115«, zusätzlich noch in einer anderen Farbgestaltung unter allen drei Marken als »Kavalier« verkauft, dazu kamen die entsprechenden Kleinkrafträder »Typ 155«. 12 unterschiedliche Modelle, ein und dasselbe Mokick bzw. Kleinkraftrad. Nicht viel anders war es beim Nachfolgemodell, das es als »DKW Hummel«, »Victoria Vicky«, »Express Radexi« und als »Aero« gab. Hier bezeichnete der Zusatz 136 das Mokick, die 166 stand für das Kleinkraftrad mit Fünfgang-Motor. Irgendwie ist es da nachvollziehbar, dass die »Zweirad Union« gegenüber den Konkurrenten von »Hercules« oder »Zündapp« immer mehr an Boden verlor.

Im April 1965 wurde mit dem führerscheinfreien »Mofa 25« eine neue Fahrzeugklasse geschaffen. Technisch waren die Mofas mit den 40 km/h schnellen Mopeds, für die damals der Führerschein Klasse 5 erforderlich war, identisch, so dass die Mopeds ohne großen Aufwand auch in einer nur 25 km/h schnellen Mofa-Variante angeboten werden konnten.

Die Motorräder und Prototypen der Zweirad Union

Motorräder für den Führerschein Klasse 1 gab es bei der Zweirad Union nur wenige, und das anfangs auch nur als Hinterlassenschaften der Vorgängerfirmen. Eine »Victoria Avanti 100« verschwand schnell wieder aus dem Programm. Das leichte Motorrad mit dem handgeschalteten Hunderter Sachs-Dreigang-Motor war bisher schon als »Express Radex 102«

▲ *Auch die Umbenennung der 5 PS starken »Express Radex 102« zur »Avanti«, dem Namen des Erfolgsmopeds, konnte die Verkaufszahlen der handgeschalteten Dreigang-Hunderter nicht beflügeln.*

▲ Auf der IFMA 1962 war diese 8 PS starke 100-Kubik-Version der »Blechbanane« zu bewundern, die es als »Victoria«, »DKW« und auch als »Express« geben sollte. Ob es dieses Motorrad aber überhaupt in nennenswerten Stückzahlen gegeben hat, darf bezweifelt werden. Im Typschlüsselverzeichnis des Kraftfahrt-Bundesamtes ist sie jedenfalls nicht zu finden.

▲ Die »DKW RT 175 VS« entstand wie die »RT 200 VS« noch in Ingolstadt, die Verkaufsprospekte wiesen aber nun die »Zweirad Union« als Hersteller aus.

▲ 1964 wurde auf der IFMA in Köln diese serienreife Hunderter mit »DKW«-Logo auf dem Tank präsentiert, die es allerdings auch nie auf deutsche Straßen geschafft hat. Nach Übernahme der »Zweirad Union« durch »Sachs« landete die Konstruktion bei »Saund« in Indien. Zu dem geplanten Import nach Deutschland kam es aber nicht.

▲ *Ein früher Prototyp des Bundeswehr-Krades von »DKW«. Bis auf die Telegabel entspricht die 75er aber der »Hercules Boondocker« für den amerikanischen Markt.*

▲ *Ein späterer Prototyp, ebenfalls noch mit dem 75-Kubik-Motor. Bis auf den Motor und der Telegabel entsprach das Fahrzeug bereits weitgehend der späteren »K 125 Bw« von »Hercules«.*

▲ *Mit Erscheinen des neuen Fünfgang-Sachs-Motors gab es auch wieder ein »DKW«-Motorrad. 1968 zuerst unter der Typbezeichnung »125 TS« mit einem Graugusszylinder, ab 1970 unter der Bezeichnung »RT 125« mit dem neuen Alu-Breitwandzylinder. Die ursprünglich geplante 100-Kubik-Version gab es nicht, um der »K 105« von Hercules keine Konkurrenz zu machen.*

bekannt – und wenig erfolgreich – gewesen. Da half auch die Umbenennung nichts, denn außer dem Namen gab es keine Gemeinsamkeiten mit dem rassigen Avanti-Moped. Auch die »DKW RT 175« bzw. »RT 200 VS« (VS für Vorderschwinge) war noch im Auto Union-Werk in Ingolstadt entstanden. Nach Abverkauf der Lagerbestände waren damit auch die letzten »echten DKW«-Motorräder Geschichte. Die »Bundeswehr-Maico« M 250 B war keine Zweirad Union-Konstruktion, aus politischen Gründen wurde jedoch ab 1962 jedes dritte Militärkrad in Nürnberg zusammengebaut, wobei Maico wesentliche Teile wie Motor oder Gabel zulieferte.

Die Maico-Fertigung endete erst 1966 mit der Übernah-

▲ *Die modellgepflegte »RT 125« von 1972 sah wesentlich eleganter aus. Statt des barocken Chromtanks war der flache Tank nun »racing-gelb«. Von der »Hercules K 125 X« unterschied sich die »DKW« nur noch durch Telegabel anstelle der Vorderschwinge und durch die Aufkleber.*

▲ *Bis auf die Tankaufkleber war die »RT 125 E« von 1974 völlig identisch mit der »K 125 T« von »Hercules«. Dies war der Abschied von zumindest optisch eigenständigen Modellen der »Zweirad Union«.*

me durch »Fichtel & Sachs«. Prototypen wie eine 100-Kubik-»Blechbanane« blieben Einzelstücke. Eine recht weit gediehene Studie namens »BLM 175« im futuristischen Design, die später oft als geplante größere Version der »Blechbanane« bezeichnet wurde, war tatsächlich schon 1958 noch vor der Gründung der Zweirad Union in Ingolstadt entstanden und kann allenfalls als Ideengeber für den späteren »Typ 115« bzw. »155« angesehen werden. Konkreter war da schon eine 1962 auf der IFMA gezeigte serienreife Studie mit Doppelrohrrahmen, die in unterschiedlichen Versionen mit 50, 75, 100 und 125 Kubik geplant war. Lediglich die Fünfziger schaffte es später als »TS 159« tatsächlich kurz in den Serienbau. Die größeren Modelle kamen nur in wenigen handgefertigten Exemplaren im Geländesport zum Einsatz. Als Straßenmodelle hat es sie nicht zuletzt wegen der Übernahme durch »Fichtel & Sachs« nie gegeben und die Prototypen verschwanden in der Versenkung. Zumindest die 100er Version tauchte ein Jahrzehnt später als in Indien gebaute »Saund 100« im »Motorrad Katalog« auf.

Als die Bundeswehr ein Nachfolgekrad für die »Maico« suchte, beteiligte sich auch die »Zweirad Union« an der Ausschreibung und lieferte drei Exemplare an die Erprobungsstelle der Bundeswehr, wo sie gegen ähnlich konzipierte Modelle von »Hercules«, »Maico« oder »Zündapp« antraten. Die Fotos der ersten Prototypen zeigten aber, dass die »DKW-Military« bereits über Sachs-Technik verfügten und im Wesentlichen der Geländesportmaschine »Boondocker« entsprachen, die Hercules für den amerikanischen Markt baute. Anders als bei der »Boondocker« war hier allerdings eine Telegabel eingebaut. Ein weiterer Prototyp zeigt einen anders geformten Tank, der in leicht abgewandelter Form bei der späteren »Hercules K 125 Bw« bis in die 1990er Jahre verwendet wurde und das Erscheinungsbild der »Military« ein Vierteljahrhundert lang prägte. Die ersten Prototypen hatten noch den von der Wettbewerbsversion abstammenden 75-Kubik-Motor, allerdings zeigte sich nach einer Präsentation, dass der Motor im

◀ *Unter dem »DKW«-Label wurde auch die »W 2000« vor allen Dingen für den Export gebaut. Wie bereits bei den Zweitaktmodellen unterschied sich die »DKW« nur noch durch den Tankaufkleber von der »Hercules«. Das Foto zeigt eine »W 2000 Injection« von 1976.*

schweren Gelände zu schwachbrüstig war. Zu der Zeit war aber bereits der moderne 125-Kubik-Motor »Typ 1251« serienreif, der ab 1968 produziert wurde. Die im Oktober 1968 an die Bundeswehr ausgelieferten Testmaschinen hatten dann auch den neuen Motor mit Vier- und Fünfgang-Getrieben.
Am Ende des Testverfahrens entschied sich die Beschaffungsstelle für die »Hercules K 125 Bw«. Den Ausschlag gab damals die verwindungssteife Vorderschwinge im Verhältnis zur recht labilen »DKW«-Gabel. Interessant ist übrigens, dass alle Testmotorräder von »DKW« und Hercules fortlaufende Fahrgestellnummern hatten und sich nur in Details wie der Gabel und der Form des Tanks unterschieden, aber unter zwei verschiedenen Marken in das Auswahlverfahren gingen und gegeneinander konkurrierten.

Mit Erscheinen des neuen Sachs-Fünfgang-Motors gab es 1968 wieder ein »richtiges« Motorrad, die »DKW TS 125«. Der verchromte Tank und die schwarz lackierten Kotflügel erinnerten an die »TS 159 Super«, allerdings waren hier viele pfiffige Details wie die Höckersitzbank dem Rotstift zum Opfer gefallen. Das Nachfolgemodell der 125er bekam 1970 den großen Aluzylinder mit Fächerkopf, blieb aber ansonsten unverändert bis auf die Typbezeichnung, die nun in Anlehnung an die früheren »DKW«-Modelle »RT 125« hieß. Die Typenbezeichnung »RT« bedeutete ursprünglich »Reichstyp«, wurde aber nach dem Zweiten Weltkrieg beibehalten.

Eine Rarität auf unseren Straßen blieb die »RT 125« von 1972, bei der es sich um eine mit Tele- statt Schwinggabel ausgestattete »Hercules K 125 X« handelte. 1974 erschien die »RT 125 E«, die wesentlich schnittiger daherkam und statt der schlichten ungedämpften Telegabel nun eine hochwertige »Ceriani«-Gabel und eine 160 Millimeter große Grimeca-Bremse im Vorder- und Hinterrad aufweisen konnte. Dieses Modell stellte einen Schnitt dar, denn bis auf die Tankaufkleber war das Motorrad nun absolut identisch mit der »Hercules K 125 T«. Ein eigenständiges Motorrad der Zweirad Union hat es danach nicht mehr gegeben. Auch die »DKW W 2000« unterschied sich nur noch durch den Tankaufkleber von der »W 2000« von »Hercules«.

Die Kleinkrafträder der »Zweirad Union«

Während heute der Begriff »Kleinkrafträder« unabhängig von der technischen Ausgestaltung im Wesentlichen motorgetriebene Zweiräder mit maximal 50 Kubik und einer Höchstgeschwindigkeit von 45 km/h umfasst, wurde früher zwischen Mofa, Moped, Mokick und Kleinkraftrad unterschieden. Die Mofas (seit 1965) und Mopeds verfügten über fahrradähnliche Pedale und durften nur max. 25 km/h bzw. 40 km/h schnell sein, die Mokicks hatten einen motorradähnlichen Kickstarter, die Geschwindigkeit war aber wie bei den Mopeds auf 40 km/h beschränkt. Abgesehen von den führerscheinfreien Mofas benötigte man dafür den früheren Führerschein der Klasse 5. In den 1960er und 1970er Jahren stand der Begriff »Kleinkraftrad« hingegen für »Fünfziger« ohne Geschwindigkeitsbeschränkung, die bereits von 16-jährigen mit dem Führerschein der alten Klasse 4 gefahren werden durften.

Die »offenen« Kleinkrafträder der Zweirad Union unterschieden sich anfangs bis auf ganz wenige Ausnahmen nur in der geringfügig höheren Leistung von den ansonsten baugleichen Mokicks, damit sie eine für die Autobahnnutzung erforderliche Höchstgeschwindigkeit von 60 km/h erreichten.

▲ *Das Kleinkraftrad »Vicky Super KR« mit gebläsegekühltem 4,2-PS-Motor unterschied sich von dem ansonsten gleichen 2 PS starken Mokick durch eine Telegabel statt einer Kurzschwinge aus Blechpressteilen. Durch den geschwungenen Kotflügel sah man das aber erst auf den zweiten Blick. Gebaut wurde die »Vicky Super« bis 1963.*

▲ Die in »Fischsilberblau« lieferbare »Violetta KR« von »DKW« war das Pendant zur »Victoria Avanti K«. Das Kleinkraftrad, das auch mit gebläsegekühltem Motor zu haben war, leistete 4,2 PS und war mit 70 km/h für die Autobahn zugelassen (1961).

▲ Neben den Modellen von »DKW«, »Express« und »Victoria« gab es zusätzlich eine »Kavalier« in Weiß mit roter Sitzbank. Ein besonderes Stylingelement war die korbähnliche Verkleidung des Kühlgebläses.

▲ Mit einem Gemälde wurde die harmonische Form des »Typ 155« im Werbeprospekt von 1961 verglichen, allerdings hatte das 3,8 PS starke Kleinkraftrad sehr schnell den weniger schmeichelhaften Beinamen »Blechbanane« weg. Die Designidee basiert auf der Studie »BLM 175«, die noch bei »DKW« in Ingolstadt entstanden war.

▲ 1963 erschien das wesentlich konventioneller gezeichnete Nachfolgemodell der »Blechbanane«. Den »Typ 166« gab es als »DKW Hummel«, »Express Radexi«, »Victoria Vicky« und als Sonderausführung »Aero«, wie bereits bei der »Kavalier« an der Lackierung erkennbar.

▲ *»Nogger dir einen« – natürlich durfte bei der Fahrt zum Badesee das Eis am Stiel von »Langnese« nicht fehlen.*

▲ *Auf der IFMA 1964 wurde dieser von Franz Ischinger entworfene Prototyp gezeigt, den es in verschiedenen Hubräumen bis 125 Kubik geben sollte. Zumindest die Fünfziger schaffte es später als »159 TS« in die Serie.*

▲ *Ab 1965 wurde der »Typ 159 TS« gebaut, ein schnittiges Kleinkraftrad mit Stummellenker, offenen Federbeinen und eleganten Weißwandreifen. Der Motor war nun fahrtwindgekühlt. Die einfacher ausgestattete Variante der in der Farbe »Cognac« lackierten Maschine hieß nur »159«. Heute undenkbar, aber auf dem Werbefoto gehörte die Zigarette einfach dazu.*

▲ *Die Exportausführung für die USA hatte einen choppermäßig hochgezogenen Lenker (der Film »Easy Rider« erschien erst einige Jahre später). Der hochgezogene Auspuff stammte eher aus dem Geländesport.*

▲ *»Bin i Radi bin i König« – der singende Torwart von 1860 München schaffte es damit auf Platz 5 der Hitparade. Die Zweirad Union engagierte Petar Radenkovic als Markenbotschafter – »Bin i Radi bin i König – auf der Victoria 159 TS«, hieß es dann in der Werbung.*

▲ *Ein weiterer Prominenter ließ sich auf der »159« ablichten: der legendäre Nürnberger Oberstaatsanwalt Hans Sachs, vielen noch als Ratefuchs aus Robert Lembkes heiterem Beruferaten »Was bin ich« in Erinnerung, einer der beliebtesten Quizsendungen in den Sechziger Jahren.*

Erst mit der »TS 159 Super« gab es ein »ganz heißes Teil« mit »Rennhöcker« und einem hochgezogenen Auspuff. »High End» würde man dazu heute sagen. Viele Top-Modelle anderer Marken wie beispielsweise die »Hercules K 50 Super Sport« oder die »Ultra«, die »Kreidler RS« oder die »KTM Comet GP RS« basierten auf der Idee der »TS 159 Super«. Allerdings war diese schnelle Fünfziger der »Zweirad Union« auch das letzte eigenständige Modell, denn der Nachfolger, nun »159 TS Super« genannt, hatte abgesehen von der ähnlichen Typenbezeichnung jetzt einen simplen Zentralrohrrahmen mit angeschraubten Unterzügen, die lediglich der Optik dienten und einen Doppelrohrrahmen wie beim Vorgängermodell vor-

▲ Für viele das schönste Kleinkraftrad jener Zeit: die »TS 159 Super« ganz in Schwarz mit Höckersitz und hochgezogenem Auspuff war das letzte Kleinkraftrad mit eigenem »Zweirad Union«-Motor.

▲ Ab 1970 bekamen auch die Fünfziger das traditionelle Kürzel »RT«. Bis auf die Form des Tanks und der Telegabel entsprach die feuerrote »RT 159« nun technisch der »K 50 SX« von »Hercules«, die »RT 159 S« mit hochgezogenem Auspuff war die Nachfolgerin der »159 TS Super« und mit der »K 50 RX« baugleich.

▲ Außer dem Namen »159 TS Super« hat diese »DKW« nichts mehr mit dem ersten Modell gleichen Namens gemeinsam. Unter den Verkleidungsteilen steckt nun ein Zentralrohrrahmen von »Hercules«, für den Vortrieb sorgt ein Sachs-Motor mit Graugusszylinder – bis auf die Telegabel handelt es sich technisch um eine »K 50 RS« von »Hercules«.

◀ Das preiswerte Einsteigermodell von »DKW« war 1969 die »159 Standard«. Noch in der laufenden Serie wurde der Name in ein wesentlich prestigeträchtigeres »159 Jet« geändert. Technisch blieb alles beim Alten, aber zumindest erhielt der »schnittige Silbervogel« mit den kleinen Blechdosenbremsen nun einen Gepäckträger serienmäßig.

▲ *Als preiswerte Alternative mit Graugusszylinder und kleinen Blechnaben blieb die »Jet« auch weiter im Angebot. Hier eine »RT 159 Jet« von 1974.*

▲ *Ein seltenes Bild einer »DKW RT 159 E« mit der herculestypischen Vorderradschwinge. Das »E« in der Modellbezeichnung deutet darauf hin, dass nun auch bei »DKW« kontaktlose elektronische Zündanlagen eingesetzt werden.*

gaukelten, aber keinerlei technische Funktion hatten. Auch der Fünfgang-Motor mit Aluzylinder war einem Sachs-Motor mit Graugusszylinder gewichen.

Im Laufe der nächsten Jahre gab es zahlreiche unterschiedliche »DKW«-Kleinkrafträder von der simplen 159 »Standard« bzw. »Jet« bis hin zur »RT 159 S«, dem Top-Modell. Bis 1973 sorgte zumindest ein anders geformter Tank für optische Distanz zu den entsprechenden Hercules-Modellen, während die Telegabel der »DKW« zwar »motorradähnlicher« aussah, aber im Gegensatz zu den Federbeinen der Hercules-Schwinggabel ungedämpft war.

Die Mopeds, Mofas und Mokicks der Zweirad Union

Wie bereits bei »Hercules» gab es bei der »Zweirad Union« eine fast unüberschaubare Zahl von Mofas, Mopeds und Mokicks, anfangs teilweise sogar unter den drei Marken wahlweise fahrtwind- oder lüftergekühlt. Auch hier wollen wir uns auf die markantesten Fahrzeuge beschränken.

▲ *Eine Konstruktion von »Victoria alt« war der »Preciosa-Mopedroller«, der auch in zweisitziger Ausführung nach 1958 bei der »Zweirad Union« weitergebaut wurde. Das »Roller« bezog sich auf den Pressschalenrahmen mit integrierten Beinschildern, während der Rest eher moped- statt rollermäßig war.*

▲ *Wem die »Duo« wegen der Pedale zu »mopedähnlich« war, konnte ab 1960 auch zur »Avanti MK« greifen. Das Mokick mit dem gebläsegekühlten Motor leistete 2 PS.*

▲ Erinnerungen an Peter Kraus und Ted Herold, die deutschen Rock & Roll-Idole der späten Fünfziger Jahre, werden wach, wenn man an das rassige Moped »Victoria Avanti« denkt. Und natürlich musste eine »Avanti« rot sein, zumindest wenn sie von der »Zweirad Union« kam. Das Bild zeigt das zweisitzige Moped »Avanti Duo« von 1959.

▲ Sicher nicht so rassig, aber nicht minder alltagstauglich, war die »Vicky Superluxus« von 1960. Das in »Victoriablau« mit viel luxuriösem Chrom lieferbare zweisitzige Moped war auch mit Gebläsekühlung erhältlich. Die Tank-Scheinwerferlinie erinnert entfernt an die »Blechbanane«.

▲ Bis auf die Lackierung entsprach die »Carino« von »Express« der »Avanti«, sogar auf dem Motorgehäuse stand der »Victoria«-Schriftzug. Das zweisitzige Moped war luftgekühlt, gegen Aufpreis aber auch mit Gebläsekühlung erhältlich, die für Fahrten ins Gebirge ausdrücklich empfohlen wurde.

▲ 1,7 PS stark war die »DKW Hummel«, die bereits bei der »Auto Union« in Ingolstadt ein Verkaufsschlager war und in Nürnberg bis 1967 fast unverändert weitergebaut wurde. Nachdem später auch andere Fünfziger von »DKW« die Modellbezeichnung »Hummel« trugen, wurde das Moped zur Unterscheidung »Hummel Standard« genannt.

▲ *Das zweisitzige »Express«-Moped »TS« entsprach im Prinzip der bewährten »Hummel«. »TS« stand für Tourensport. Da sollte es auch für die Fahrt zum Tennisplatz reichen, den es allerdings auf dem Werksgelände in der Nopitschstraße nicht gab, wo das Foto 1960 entstand.*

▲ *»Sieht dieses Super-Modell nicht wie ein prächtiges gesatteltes Reitpferd aus«, so die Werbung für die »Hummel Super« von 1960. Betont wurde besonders der »formvollendete Zylinderkorb« und der »schnittige Auspuff« des wie die Standardausführung 1,7 PS leistenden Doppelsitzers.*

▲ *Während die »Vicky Standard« wie auch die »Express TS« der »Hummel Standard« entsprach, gab es auch verschiedene »Super« genannte Modelle, die bis 1963 als Moped oder Mokick, fahrtwind- oder gebläsegekühlt, gebaut wurden. Anders als beim Kleinkraftrad mit Telegabel blieb es hier aber bei der Kurzschwinge aus Blechpressteilen.*

▲ *Als 1965 die neuen führerscheinfreien Mofas auf den Markt kamen, ging es natürlich auch für die »Zweirad Union« auf große Werbetour. Der Kleinlaster auf dem Bild ist ein »FAUN Eilfrachter«, der auch bei der »Zweirad Union« gebaut worden war.*

▲ *Nicht von den Vorgängerfirmen übernommen wurden die Motorroller »Hobby«, »Nicky« oder »Peggy«, aber bald zeigte sich, dass im Programm ein Roller fehlte. Nachdem »NSU« 1956 den Lizenzbau der italienischen »Lambretta« eingestellt hatte, vertrieb die »Zweirad Union« den 9 PS starken 175-Kubik-Roller als Importeur für Deutschland.*

▲ *Natürlich gab es von den Kleinkrafträdern auch Mokick-Versionen. Das Prospektbild zeigt die »Express Radexi 136«, die in anderen Lackierungen auch als »DKW Hummel 136«, »Vicky 136« und sogar als »Aero 136« zu kaufen war.*

▶ *Die Lehrbuben und die Sekretärin präsentieren das schlicht »Mofa 25« genannte Fahrzeug vom »Typ 110« auf dem Werksgelände.*

▶ *Die schwarze »139er« mit rotem Chromtank schaut auf den ersten Blick wie die rassige »159 TS Super« aus, aber beim genauen Hinschauen fällt der Hercules-Zentralrohrrahmen ohne Unterzüge und der Sachs-Motor mit Graugusszylinder auf. Auch die Alu-Naben mussten preiswerteren Blechnaben weichen.*

▲ *Weit weniger sportlich als die »159 TS« war die Mokickversion »139« mit lüftergekühltem, 2,6 PS starkem Viergang-Motor und einem weit heruntergezogenen Vorderkotflügel. Das »cognacfarbige« Mokick wurde nur von 1965 bis 1966 gebaut.*

▲ *Auch bei den Mofas und Mopeds war nicht mehr zu übersehen, dass »Sachs« nun das Sagen hatte. In unterschiedlichen Versionen wurde nun das ungefederte »Mofa 502« und das »Moped 503« gebaut. Abgesehen von den Aufklebern und der Lackierung entsprachen sie der »Hercules L 50«.*

▶ *In zwei Versionen war das Mofa mit dem markanten Tankrahmen aus Stahlblech erhältlich. Während das im Bild gezeigte Mofa »506 M« hinten ungefedert war, hatte das luxuriösere »504 M« eine gefederte Hinterschwinge und sogar eine Federklappe auf dem Gepäckträger. Die schnellere Mopedausführung hieß »505 P«, entsprach aber ansonsten dem »505 M« (1973).*

▲ »Mofeln« war in, und das »City Bike« bot dies in der lustigsten Form, wenn man der Prospektbeschreibung Glauben schenken darf. Einen großen praktischen Nutzwert bot das Minibike hingegen eher weniger. Die typische Farbe für »DKW« Mofas war »Goldorange«, während die Hercules-Modelle meist in »Racing-Gelb« lackiert waren.

▲ »Een bromfiets voor Nederland« – ein Moped für Holland war diese spezielle Ausführung der »139«. In unserem Nachbarland waren damals noch fahrradähnliche Pedale und ein weiß lackierter hinterer Kotflügel vorgeschrieben. Ansonsten hatte das »bromfiets« die Optik eines großen Motorrades.

▲ Zwei Autobatterien sorgten für den nötigen »Saft« zum Antrieb des Elektromofas »E 1«. Die Idee kam aber zwei Jahrzehnte zu früh und die Technik für Elektrofahrzeuge steckte 1974 noch in den Kinderschuhen. Kein Wunder, dass das Elektromobil sich nicht durchsetzen konnte.

▲ Das Mofa im »Easy Rider«-look – das war der »Hobby Rider« mit hirschgeweihähnlichem Lenker. So durften sich auch 15-jährige ein bisschen wie Peter Fonda und Dennis Hopper fühlen. Die späteren Modelle waren statt racing-gelb und mattschwarz in Goldorange mit blitzenden Chromteilen lackiert (bis 1978). (X[349], 350).

▶ Das Mokick »RT 139« war für Sparfüchse gedacht, weil die Versicherungsprämien für die »offenen« Kleinkrafträder Ende der 1960er Jahre vom Taschengeld kaum noch zu finanzieren waren. Man musste schon genau hinschauen, um die Unterschiede zu bemerken. Am augenfälligsten beim 1972er Modell waren der Motor mit Graugusszylinder und der fehlende Unterzug.

DIE FREMDAUFTRÄGE VON »FAUN«

Wie bereits an anderer Stelle erwähnt, hatte der Spezialfahrzeughersteller »FAUN« gute Kontakte ins Verteidigungsministerium und auch bereits zur Burkhart-Ägide Aufträge an die Zweirad Union vergeben. Es würde den Rahmen dieses Buches sprengen, alle Entwicklungen aufzuzeigen, so dass hier nur wenige markante Fahrzeuge aufgeführt werden sollen, die viele noch aus dem Straßenbild der 1960er und 1970er Jahre in Erinnerung haben wie beispielsweise einen 1,5-Tonnen-Einachs-Anhänger mit Plane für Militär-LKW. Neben der »Bundeswehr-Maico« und dem »Kraka« entstanden bei der »Zweirad Union« auch Abschussrampen für den »DKW«-Geländewagen »Munga« oder Kofferaufbauten für den »Unimog«, aber auch Kommunalfahrzeuge wie Kehrmaschinen.

1978 endete der aktive Teil der »Zweirad Union« als Fahr-

▲ *Bis 1970 wurde der »FAUN Eilfrachter« vom Feuerwehrwagen über Möbelwagen bis hin zum Tiertransporter gebaut. In den frühen 1960ern, als die »Zweirad Union« zu »FAUN« gehörte, entstanden die kleinen Lastwagen auch in der Nopitschstraße.*

▲ *Etwa jede dritte »Bundeswehr-Maico« wurde nicht im schwäbischen Pfäffingen, sondern bei der »Zweirad Union« in Nürnberg gebaut, allerdings unter Verwendung von zugelieferten Maico-Teilen wie Motor oder Telegabel. Mit der Übernahme durch »Sachs« endete der Bau der »M 250/B« bei der »Zweirad Union«.*

▲ *Auch die Kofferaufbauten für den »Bundeswehr-Unimog« wurden zeitweise bei der »Zweirad Union« angefertigt.*

zeughersteller ziemlich genau 20 Jahren nach der Gründung. Die »Zweirad Union« bestand noch bis 2004 als »Zweirad Union Grundbesitz AG« für das ehemalige Werksgelände Nopitschstraße, wurde dann aber mit der »Sachs Fahrzeug- und Motorentechnik« verschmolzen.

▲ Der »Kraftkarren«, kurz »Kraka« genannt, wurde ursprünglich von der »Zweirad Union« für den zivilen Einsatz entwickelt, allerdings stieß das skurrile Fahrzeug auf wenig Interesse. Erst in einer militärischen Version wurde der »Kraka« zum Erfolg, allerdings entstanden 1965 nur 50 Vorserienexemplare bei der »Zweirad Union«.

▼ Auch diese dreirädrige »FAUN«-Kehrmaschine wurde bei der »Zweirad Union« gebaut. In der Mitte ein »Kraka« für den militärischen Einsatz, rechts ein »Kraka« als Schlauch- und Gerätetransporter für den Feuerwehreinsatz.

Kapitel 3

DIE »SACHS FAHRZEUG- UND MOTORENTECHNIK«

DAS ENDE DER »DEUTSCHLAND AG« – UND VON »HERCULES«

Die sogenannte »Deutschland AG« war ein Geflecht von großen Unternehmen aus der Finanz- und Industriewelt mit gegenseitigen Kapital- und Aufsichtsratsbeteiligungen in der zweiten Hälfte des 20. Jahrhunderts, darunter beispielsweise die Deutsche Bank, die Allianz-Versicherung, die Energiekonzerne VEBA und Ruhrgas, die Lufthansa oder die Mannesmann AG, einer der bekanntesten deutschen Industriekonzerne mit weltweit über 75.000 Mitarbeitern (Stand 1960). Berühmt sind heute noch die »Mannesmann Röhren« für den Pipeline-Bau.

1987 hatte Mannesmann die Mehrheit an »Fichtel & Sachs« erworben, drei Jahre später erhielt Mannesmann die Lizenz zum Aufbau des privaten »D2«-Mobilfunknetzes. Im Jahr 2000 sorgte die Übernahmeschlacht von Vodafone für Schlagzeilen. Der britische Mobilfunkkonzern übernahm für 180 Milliarden Euro die deutsche Mannesmann AG, bis heute die teuerste Firmenübernahme weltweit. Weil Vodafone nur an der Telekommunikationssparte interessiert war, wurden die übrigen Geschäftszweige verkauft. Der Automotive-Bereich, darunter auch »Mannesmann Sachs«, ging als »Atecs Mannesmann AG« an ein Konsortium von Siemens und Bosch. Im Rahmen der Entflechtung erwarb »ZF Friedrichshafen« im Oktober 2001 den Autozulieferer »Mannesmann Sachs«, der bis 2011 als »ZF Sachs« firmierte. Heute ist »Sachs« eine Marke im ZF-Konzern und bietet für den Motorradbereich hochwertige Fahrwerkskomponenten wie Telegabeln oder Monoshock-Dämpfer an. Im Bereich »semiaktive Fahrwerke« ist ZF Serienausstatter zahlreicher namhafter Hersteller, darunter »BMW«.

1995 trennte sich Mannesmann-Sachs erwartungsgemäß von der Fahrradproduktion einschließlich des traditionsreichen Namens »Hercules« und verkaufte diese an die niederländische »ATAG Cycle Group«. Die Schweinfurter Fahrradkomponenten, z.B. Sachs-Nabenschaltungen, wurden an den amerikanischen Konkurrenten »SRAM« abgebeben. Nach mehreren Besitzerwechseln ist »Hercules« seit 2014 eine Marke der in Köln ansässigen »ZEG« (Zweirad-Einkaufs-Genossenschaft), produziert aber nicht mehr in Deutschland.

Nach dem Verkauf des Traditionsnamens »Hercules« firmierte die Motorfahrzeug-Sparte nun an der alten Adresse Nopitschstraße 70 in Nürnberg als »Sachs Fahrzeug- und Motorentechnik GmbH«, allerdings wurde auch hier ein Käufer gesucht, der sich 1998 im Niederländer Rob van der Linden und dessen »Winning Wheels«-Holding fand. »Winning Wheels« war ein regelrechter Mischwarenkonzern aus der Fahrradbranche mit den Marken »Union« und »Merida«, dazu den Kreativ-Labors von »Urban Solutions«, wo Ideen vom Skateboard bis zum Citycar, vom Fahrrad bis zum großvolumigen Motorrad oder die Vernetzung des öffentlichen mit dem Individualverkehr ausgearbeitet wurden und schließlich dem Handelshaus Koch-Kleeberg N.V., dem früheren niederländischen Sachs-Importeur.

»Franken wird mit Sachs wieder Zweirad-Hochburg«, war Marketingleiter Wolfdieter Fronemann da noch sicher, an die alte Tradition von Nürnberg als Zentrum der deutschen Motorradindustrie anknüpfen zu können. Zunächst wollte man sich auf 125-Kubik-Maschinen konzentrieren, weil nach einer Gesetzesänderung nun auch »125er« mit dem PKW-Führerschein gefahren werden konnten, sofern dieser vor dem 1. April 1980 erworben worden war. Allerdings gab es da schon keine Sachs-Motoren mehr, die Antriebe wurden unter anderem bei Minarelli in Italien oder bei Yamaha in Japan geordert. Daneben sollte auch das Motorroller-Geschäft forciert werden, indem sich die Nürnberger den italienischen Hersteller »Malaguti« ins Boot holten, und schließlich setzte man auf Mofa-Evergreens wie der Prima-Serie. Und auch den neuen Trend zu ELO-Bikes wollte man nicht verpassen, bei denen ein Elektromotor in Fahrrädern bis 25 km/h für Rückenwind sorgte.

Wenn wir einen Sprung in die heutige Zeit machen, muss man rückblickend feststellen, dass van der Linden mit seinen Visionen einer Vernetzung des öffentlichen mit dem Individualverkehr eigentlich gar nicht so falsch lag. Ohne auf die negativen Aspekte wie beispielsweise rücksichtsloses Abstellen auf Gehwegen eingehen zu wollen, kommen die heutigen Tretroller, egal ob mit oder ohne Elektroantrieb, der Idee des Holländers recht nahe. Vor zwei Jahrzehnten waren allerdings weder Feinstaub noch »Greta« oder die »Fridays for Future-Bewegung« ein Thema gewesen.

Große Pläne hatte die »Sachs Fahrzeug- und Motorentechnik GmbH« und ihre Marke »Sachs Bikes« für das neue Jahrtausend. Mit der »Bigroadster 800«, angetrieben von einem Suzuki V 2-Motor, wurde der Einstieg in die »oberen Klassen« angekündigt. Das Design der »Bigroadster« erinnerte entfernt an die »kleine« 650er Katana von »Suzuki« aus den frühen 1980er Jahren, die ebenfalls einen Kardanantrieb hatte – kein Wunder, entstammte die 800er doch ebenso wie

▲ *Da kommt Wehmut auf. Einst war »Sachs« einer der größten Motorenproduzenten der Welt, aber in den neuen »Sachs Bikes« werkelten nun italienische »Minarelli«-Motoren, eine ursprüngliche »Yamaha«-Konstruktion mit 125 Kubik. Das Bild entstand 2001.*

(Foto: Leo Keller)

die Katana aus der Feder von »Target Design« aus dem oberbayerischen Seefeld. Schon 1999 war die »Roadster 650« mit dem Motor der Suzuki »Freewind« lieferbar, mit der an die Tradition der großen deutschen Motorräder wie »NSU Max« angeknüpft werden sollte, war Entwicklungschef Hartmut Huhn zunächst noch optimistisch.

Um es vorwegzunehmen – die »Roadster 650« war ein grundsolides Motorrad, das sogar den Vergleichstest der Zeitschrift »Motorrad« vor der BMW F 650 gewann. Nennenswerte Stückzahlen kamen trotzdem nicht auf die Straße, heute haben die beiden Roadster aber ihren festen Liebhaberkreis. Als Top-Modell war eine Vierzylinder-»Speedroadster« mit Egli-Rahmen geplant, zu der es aber nie kam. Fritz Egli war ein bekannter Rahmenbauer und damals Sachs-Importeur für die Schweiz. Mit der neuen Modellpalette stand man aber nicht mehr in der Tradition von »Hercules«, wo seit den 1960er Jahren nur noch Motorräder mit maximal 125-Kubik-Sachs-Motoren gebaut wurden. Sachs hatte zwar einen guten Namen als Motorenhersteller, aber niemals eigene Motorräder gebaut. Die neuen Nürnberger »Sachs Bikes« konnten deshalb nie an das Hercules-Image anknüpfen. »Hercules-

▲ *Mit der »Roadster 800« wollte »Sachs Bikes« in die »große Klasse« einsteigen. Aber statt einem Fließband für größere Stückzahlen gab es noch echte Einzelanfertigungen in Handarbeit.* (Foto: Leo Keller)

Sachs« war über Jahrzehnte ein fester Begriff für Qualität gewesen, »Sachs Bikes« wurde hingegen trotz des Namens als Branchenneuling ohne »Stallgeruch« wahrgenommen.

Als dann auch noch van der Linden selbst die Geschäftsleitung übernahm und die Mitarbeiter mit seinem »Mobilitätstrip« an den Rand der Verzweiflung (und die Firma an den Rand des Ruins) brachte, war klar, dass auch in der Nopitschstraße bald das Totenglöckchen läuten würde, wenn nichts Entscheidendes passieren würde. »Wir mussten für Millionenbeträge ein in den VW Beetle passendes Klapprad entwickeln, das in dieser Form nie funktionieren konnte, aber richtig Geld gekostet hat«, erinnerte sich Huhn später. Dazu wurden die Nürnberger vom holländischen Mutterunternehmen als Einkäufer für andere van der Linden-Firmen vorgeschoben, denen selbst das Wasser bis zum Hals stand. Wegen der desolaten finanziellen Situation waren die Sachs-Leute bei Suzuki für weitere Motorenlieferungen abgeblitzt. Dies ist auch einer der Gründe dafür, dass die beiden Roadster, die von Suzuki-Motoren befeuert wurden, nicht weiter gebaut wurden und der »Speedroadster« oder ein Streetfighter mit Suzuki »Hayabusa«-Motor nie realisiert wurden. Es gab lediglich eine auf 150 Exemplare limitierte Sonderserie der »Roadster 800«, »b 805« genannt. Deren recht polarisierendes Design, von manch einem als »Design-Ikone« gefeiert, sah wie eine Kreuzung aus KTM »Duke II«, Suzuki »Hayabusa« und Suzuki »VX 800« aus.

Viele der 125er Roadster mit einem Yamaha V 2-Motor standen lange auf dem Werksgelände, weil Yamaha keine Auspuffanlagen geliefert hatte. Und schließlich entschied sich der malayische Investor Hong Leong sogar lieber für »MZ« in Zschopau statt für Sachs. Trotz dieser eigentlich ausweglosen Situation entstand bei Target Design innerhalb weniger Wochen die Studie »Beast«, die auf der »Intermot 2000« für großes Aufsehen sorgte. Eigentlich war die »Beast« nur ein Werbeträger, um den Namen aufzupolieren und potentielle Käufer für das Unternehmen anzulocken, denn für eine Weiterentwicklung zur Serienreife hätte das Entwicklungsbudget der Franken nicht gereicht. Dass man mit dem minimalistischen V 2-Bike aber gar nicht so falsch lag, bewies die ähnlich konzipierte »KTM 950 Duke«, die in der späteren Serienausführung als »Super Duke« zu einem wesentlichen Eckpfeiler des KTM-Straßenprogramms wurde. Die Voraussetzungen waren bei KTM allerdings auch ungleich besser als bei Sachs, weil die Österreicher auf einen eigenen V 2-Motor und ein engmaschiges Händlernetz zurückgreifen konnten. Die Zeiten, wo jeder Fahrradhändler auf dem Lande einen Sachs-Motor reparieren konnte, lagen schon Jahrzehnte zurück.

Dies alles allerdings interessierte van der Linden nicht mehr, er wollte das ausgeblutete Werk loswerden. Dr. Oliver Schnorr, ein Unternehmer mit Sanierungserfahrung, stieg zu dieser Zeit in das finanziell ausgelutschte und von Branchenexperten längst abgeschriebene Unternehmen ein. Nach Bestandsaufnahme fuhr »Doc Oli«, so sein firmeninterner Spitzname, zusammen mit Hartmut Huhn und dem kaufmännischen Geschäftsführer Karlheinz Summerer zu van der Linden nach Holland und bot ihm an, das Unternehmen inklusive der Schulden in zweistelliger Millionenhöhe für einen Euro zu übernehmen. Van der Linden, der »Sachs« ohnehin los werden wollte, war damit einverstanden, zumal die Schulden auch seine »Winning Wheels« in den Abgrund hätten ziehen können.

DIE MOTORRÄDER UND LEICHTKRAFTRÄDER VON »SACHS BIKES«

▼ *Auf der IFMA 1996 noch als Studie vorgestellt, zeigte die 125er V2-Roadster, wie das spätere Serienprodukt aussehen sollte. Aus Kostengründen verschwand allerdings die Upside-Down-Gabel und auch die beiden Rücklichter, die sich später in ähnlicher Form bei den »Faster Sons«-Modellen von »Yamaha« wiederfanden, schafften es nicht in die Serie.*

▲ *Um auch auf dem Markt der neuen 125er Leichtkrafträder mithalten zu können, bot »Sachs Bikes« ab 1997 diesen »Husky Chopper« an. Das in Taiwan hergestellte Motorrad war aber nur eine Zwischenlösung, bis man mit eigenen Motorrädern auf den Markt kam.*

▶ *Ab 1998 war die »Roadster 125« lieferbar, die als Leichtkraftrad konzipiert war und 135 Kilo wog. Das schicke Motorrad sah wesentlich größer aus als der Hubraum von 125 Kubik dies vermuten ließ.*

▲ *Eine Augenweide für Endurofans war die »ZX 125« von 1999. In der Optik stand die 125er den japanischen Motorrädern oder auch der ähnlichen »KTM LC 2« in nichts nach. Obwohl es sich nicht um eine Wettbewerbsmaschine handelte, tauchte gelegentlich sogar eine »ZX« im »OMK-Seniorencup« auf, der Meisterschaft für Fahrer, die mindestens 40 Jahre alt waren.*

◀ *Dem Trend zu den populären Supermotos folgend gab es auch von der »ZX« einen Ableger mit kleineren 17-Zoll-Rädern und Straßenbereifung. Sogar die Sitzhöhe war um einiges niedriger als beim Geländegänger. Auf jeden Fall war das »ZZ 125« genannte Funbike eine wendige und spritzige Alternative zur Enduro.*

▲ ▶ *Einen wunderschönen Gitterrohrrahmen hatte die ab 1998 lieferbare »XTC 125«, die es in einer verkleideten Version und auch als unverkleideter »Streetfighter« gab. Spätere Modelle des Achtelliter-Zweitakters waren in Rot-Silber, der Farbgebung der legendären »MV Agusta«-Renner, erhältlich.*

▶ *Ab 2003 wurde die Zweitakt-»XTC« von der nominell 15 PS starken Viertaktversion abgelöst. Der DOHC-Vierventiler hatte einen »under seat«-Auspuff – die »KTM Duke II« ließ grüßen. Ansonsten glich die neue »XTC« dem Vorgängermodell mit Zweitaktmotor wie ein Ei dem anderen – selbst die Typenbezeichnung blieb gleich.*

▲ *Mit der »Sachs Beast« wollten die Nürnberger zeigen, dass sie noch lange nicht abzuschreiben waren und faszinierende Motorräder bauen konnten. Die Studie war das Highlight auf der Intermot 2000. Leider wurde die »Beast« nie weiterentwickelt. Was daraus hätte werden können, hat »KTM« mit seiner »Super Duke« gezeigt.* (Foto: Target Design)

▲ *Entstanden ist die »Beast« bei »Target Design« am bayerischen Ammersee, wo schon die »Katanas« von Suzuki erdacht wurden, aber auch das Design der großen Sachs-Roadster oder der »MadAss« entstand. (Foto: Target Design)*

▲ *50 PS stark war die »Roadster 650«, in der das Herz der »Suzuki Freewind« arbeitete. Das überaus handliche, unverkleidete Motorrad glänzte durch gute Testergebnisse. Eine Besonderheit: das in Schwarz, Blau oder Aubergine lieferbare Motorrad war gegen Aufpreis in allen gängigen PKW-Farben lieferbar. (2000)*

▲ *Nicht zu übersehen: die »V 3.8 Roadster« genannte Studie von 1999 erinnerte an die »kleinen Suzuki Katanas«. Auch bei den »ED 1« genannten Modellen (für European Design) fanden sich schon Anfang der 1980er Jahre ähnliche Kanten am Tank, eine zweifarbige Sitzbank oder eine aufwendige matte Lackierung. Kein Wunder, beide Entwürfe entstammen der Feder von »Target Design«.*

▲ *Der 805 Kubik-große V 2 von Suzuki leistete 58 PS. Die damit erreichbare Höchstgeschwindigkeit von 175 km/h prädestiniert die »Roadster 800« mit Kardanantrieb für gemütliches Cruisen. Wie bereits bei der kleinen Einzylinder-Roadster konnte der V2 auf Wunsch in allen beliebigen Autofarben lackiert werden.*

▲ *Roadster vor der Auslieferung. Die Modelle in Viola-Blau metallic mit aufpreispflichtiger zweifarbiger Sitzbank ähneln der ersten Studie der »V 3.8 Roadster«, allerdings ohne die pflegeintensive Mattlackierung.* (Foto: Leo Keller)

▲ *Nur in limitierter Stückzahl von 150 Fahrzeugen war 2002 die rote »b-805« zu haben. Dazu gab es eine eingravierte Seriennummer und eine Urkunde über die Handfertigung. Als Dreingabe erhielten die Käufer noch ein Fahrsicherheitstraining und eine Werksbesichtigung bei Abholung in Nürnberg.* (Foto: Target Design)

NEUES IMAGE FÜR DIE »SACHS BIKES«

Im Oktober 2000 übernahm die HSS Verwaltungs-GmbH – HSS steht für die neuen Eigentümer Hartmut Huhn, Dr. Oliver Schnoor und Karlheinz Summerer – das Unternehmen von Winning Wheels. Den neuen Eignern war natürlich von Anfang an klar, dass schnell ein neues Image her musste. Die Studie »Beast« hatte die Richtung vorgegeben. Zukünftig sollten die »Sachs Bikes« sich von anderen Marken allein von der optischen Erscheinung her deutlich absetzen. Wie bei der »Beast« sollte die Technik sichtbar werden und Verkleidungsteile nur dann zum Einsatz kommen, wenn dies technisch geboten war. Möglichst ausgeflippt, aber alltagstauglich, so die Vorgabe. So entstand die »MadAss«, zu Deutsch »verrückter Esel«, wenn die Modellbezeichnung gelegentlich auch anders übersetzt wird. Zunächst war ein minimalistisches Mofa, Projektname RC 505, geplant, dann wurde es allerdings eine Nummer größer. Die »MadAss« wurde als Mokick mit einem 50-Kubik-Viertakter konzipiert. Das dicke Rahmenrohr erinnerte entfernt an die Fahrwerkstechnik der 1960er und 1970er Jahre, als Hercules auf einen Zentralrohrrahmen setzte, der die übrigen Komponenten trug. Nur Rahmen und Motor, so kann man das Konzept recht treffend umschreiben.

Schnell zeigte sich, dass Sachs mit der »MadAss« ins Schwarze getroffen hatte und folgerichtig wurde das Programm mit einer größeren 125-Kubik-Version ergänzt, die bei der Leserwahl der Zeitschrift »Motorrad« 2004 auf Platz 3 landete. Es folgte die »X-Road« (gesprochen »Cross Road«), eine 125er im Supermoto-Stil. Wie bereits bei der »Roadster 800« zeichnete auch bei diesen Bikes Target Design für die Erscheinung verantwortlich. Wegen des Zuspruchs sollte auch eine größere Version der »MadAss« entstehen, allerdings blieb das Showbike »Big Ass« mit 500 Kubik Royal Enfield-Motor nur ein Einzelstück. Dazu fungierte die »Sachs Fahrzeug- und Motorentechnik GmbH« als Importeur verschiedener Rollermarken, der französischen Edelmarke »Voxan« mit 1000-Kubik-V 2-Motoren oder italienischen VOR Enduro- und Motocross-Maschinen. Die in der Presse groß angekündigte »Mammut 2000«, eine aktuelle Version von Friedel Münchs legendärer Mammut, sollte bei der »Sachs Fahrzeug- und Motorentechnik« gebaut werden, aber statt der Kleinserie von 250 Stück wurde nach nur 15 Exemplaren die Produktion eingestellt, weil das exklusive Motorrad nicht kostendeckend produziert werden konnte. Neben diversen Quads war sogar ein Auto im Programm, der italienische »Tasso«, ein Micro-Car

▲ *Die Idee: ursprünglich sollte »MadAss« ein Mofa werden, der Projektname war »RC 505«, der Entwurf stammte vom Hausdesigner »Target Design«. Viele Elemente fanden sich später in der »MadAss« wieder.* (Foto: Target Design)

▲ *Ab 2004 gab es zunächst das 2,2 PS starke Mokick »MadAss«, dem bald darauf ein Leichtkraftrad folgte. Der 120-Kubik-Motor leistete gut 8 PS und blieb damit deutlich unter der erlaubten 15-PS-Grenze für Leichtkrafträder. Hatte man beim Mokick die Wahl zwischen einem Zweigang-Automatik-Getriebe und einem Viergang-Schalter, so gab es die große »MadAss« nur mit Viergang-Getriebe.*

▲ *Die »X-Road 125« – gesprochen »Cross-Road« – gab es von 2005 bis 2009. »Sachs Bikes« wollte damit eine dicke Scheibe vom Supermoto-Trend abbekommen. Der rote Gitterrohrrahmen erinnerte an die »XTC«, aber die fehlenden Verkleidungsteile und die schwarze Tank-Sitzbankkombination ergaben ein völlig anderes Motorrad.*

▲ *Nach dem Erfolg der »MadAss« dachten die »Sachsen« natürlich auch an eine größere Version. Das ansehnliche Concept Bike »BigAss« mit dem in Indien gebauten 500-Kubik-Royal-Enfield-Motor entstand ebenfalls bei »Target Design« und sorgte auf der Intermot 2004 für Aufsehen.* (Foto: Target Design)

mit 500-Kubik-Zweizylinder-Dieselmotor von Lombardini, weil man strategisch nur mit Nischen- und Trendprodukten eine Überlebenschance sah.

Waren 2001 mit vier 125ern, der 650er Roadster und der 800er »Bigroadster«, gerade einmal sechs Motorräder im Programm, so waren es fünf Jahre später über 40 verschiedene motorisierte Zweiräder, vom 50-Kubik-Minibike »Dirty Devil« über zahlreiche Roller von »SYM« und »Malaguti«, einem halben Dutzend Quads von »Sachs Quads« und »SYM« bis hin zur »Roadster 650«, während der V2-Roadster nicht mehr gebaut wurde.

»MadAss« und »X-Road« waren die letzten noch in Nürnberg entwickelten, aber bereits in China gebauten »Sachs Bikes«. 2005 wurden die Entwicklungsabteilung und die Fertigung geschlossen, allerdings handelte es sich dabei ohnehin nur noch um den Zusammenbau angelieferter Teile.

Hatte das neue Motto »Welcome to the machine« in Anlehnung an einen Song von Pink Floyd noch Zuspruch gefunden, sorgten diverse Werbekampagnen von »Sachs Bikes« für kontroverse Diskussionen. Bei einer »Zeugnisaktion« war

▲ *Die asymmetrische Werbung von »Sachs Bikes« traf nicht jedermanns Geschmack. Bei der »Zeugnisaktion« war der Rabatt umso höher, je schlechter das Zeugnis ausgefallen war.*

der prozentuale Nachlass umso höher, je schlechter das Zeugnis des jugendlichen Kaufinteressenten ausgefallen war. Leistungsanreize sehen irgendwie anders aus. Auch ein Werbeposter, auf dem fünf Sachs-Beschäftigte hüllenlos abgebildet waren, fand nicht überall ungeteilten Beifall. Kein richtig glückliches Händchen hatten die Marketing-Leute auch bei den Modellbezeichnungen. »XTC« ist bis heute die Kurzform für die Partydroge »Ecstasy«. Zumindest bei der Sonderserie der »Roadster 800«, die ursprünglich »bomb« heißen sollte, zogen die Marketing-Strategen vor dem Hintergrund der Terroranschläge auf das World Trade Center noch die Notbremse und nannten die rote Bigroadster nun »b-805«.

Für Begeisterung bei den Oldtimerfreunden des Hauses indes sorgte eine andere Aktion. In einer abbruchreifen Halle in Frankreich waren 20 nigelnagelneue Hercules-Motorräder vom Sportbike bis zur W 2000 aufgetaucht, die der damalige Importeur vor drei Jahrzehnten offensichtlich dort zurückgelassen hatte. Weil der Hallenbesitzer die Oldtimer nur im Block verkaufen wollte und sich verständlicherweise kein Interessent fand, sprang »Sachs« ein und organisierte die Rückholung der Fahrzeuge nach Nürnberg, wo sie vor über 30 Jahren gebaut wurden. Keine Frage, dass die fabrikneuen Raritäten innerhalb kürzester Zeit ihre neuen Besitzer gefunden haben.

Die alten Fertigungshallen in Nürnberg waren da aber schon verschwunden, als letztes Gebäude wurde 2004 das vierstöckige »Hochhaus« mit der legendären Anschrift »Nopitschstraße 70« abgerissen, an dem ein halbes Jahrhundert lang die Leuchtreklamen von »Victoria«, »DKW«, »Express«, »Hercules« und »Sachs Bikes« hingen. Auf dem 15 Hektar großen früheren Firmengelände befindet sich seitdem der »Herkules-Park« (der sich tatsächlich mit »k« schreibt), ein Gewerbepark mit Autowaschanlage, Supermärkten und zahlreichen weiteren Unternehmen. Die »Sachs Fahrzeug- und Motorentechnik« blieb noch einige Jahre mit einem Verwaltungs- und Logistikgebäude im »Herkules-Park«.

▲▶ *Einen Dornröschenschlaf hielten 20 »Hercules«-Motorräder von 1974 in einer Abbruchhalle in Frankreich. »Sachs« brachte die Motorräder, darunter zwei nigelnagelneue »W 2000« und vier »MC 125«, bei denen sogar noch die alte Pappverpackung vorhanden war, zurück nach Deutschland.*

Kapitel 4

DER SPORT

DER SPORT BEI »HERCULES« UND DER »ZWEIRAD UNION«

Sowohl »Hercules« als auch die »Zweirad Union« verbindet man heute praktisch ausschließlich mit dem Geländesport, wenn auch »Hercules« in den frühen 1930er Jahren im Straßenrennsport aktiv war und sich die »Zweirad Union« Mitte der 1960er Jahre zumindest halboffiziell im 50-Kubik-Juniorenpokal beteiligte. Ende der 1970er Jahre versuchte »Hercules« vom Geländesport in den wesentlich publikumsträchtigeren Motocross-Sport zu wechseln, allerdings gab es hier allenfalls Achtungserfolge der Werksfahrer. 1983 zog sich »Hercules« endgültig aus dem aktiven Sport zurück. Das sportliche Engagement der »Zweirad Union« dauerte sogar nur ganze sechs Jahre, bevor die Konzernmutter Fichtel & Sachs 1967 die Sportabteilung zusperrte.

Die Vorkriegszeit

Schon bald nach der Wiederaufnahme der Motorradproduktion im Jahre 1928 fand man »Hercules«-Motorräder bei Straßenrennen am Start. Zwar gab es schon den Nürburgring und die Berliner AVUS als asphaltierte Rennstrecken, allerdings wurden in der damaligen Zeit die Rennen überwiegend auf unbefestigten Straßen ausgetragen. Einer der einst erfolgreichen »Hercules«-Rennfahrer sollte später zur Legende werden: Georg »Schorsch« Weiss. Als 20-jähriger wechselte er von den väterlichen »Dorko«-Motorradwerken im Jahr 1929 als Mechaniker und Einfahrer zu den »Nürnberger Hercules-Werken«, wo er als sportbegeisterter junger Mann natürlich auch Rennen fuhr und besonders bei Aschenbahnrennen auf seiner »Hercules-JAP« erfolgreich war.

▲ *Georg »Schorsch« Weiss wurde 1930 Zweiter beim Ratisbona-Bergrennen auf seiner »Hercules-JAP« 250.*

(Foto: Archiv Günter Sengfelder)

▲ *Hans Kahrmann wurde 1931 und 1932 Deutscher Meister in der 250-Kubik-Klasse auf »Hercules-JAP«.*

In Folge der Weltwirtschaftskrise wurde Weiss bald wieder entlassen und wechselte später zu Zündapp, wo er zunächst als Fahrer und ab Mitte der 1950er Jahre als langjähriger Sportleiter für unzählige Erfolge im Geländesport verantwortlich war. Von 1957 bis 1971 war er Betreuer des Trophy-Teams der Bundesrepublik, unter seiner Regie gewannen die westdeutschen Fahrer dreimal die Trophy bei Sechstagefahrten.

Auch Hans Kahrmann aus Fulda gehörte auf einer 250er »Hercules-JAP« zu den schnellen Leuten auf der Piste. 1931 und 1932 gewann er die Deutsche Meisterschaft der Viertelliter-Klasse. Dann jedoch verschwand die Marke »Hercules« aus den Ergebnislisten. Nach der Machtergreifung der Nationalsozialisten verhinderten Einfuhrbeschränkungen die Verwendung von ausländischen Einbaumotoren wie z.B. den englischen JAP-Triebwerken zugunsten von deutschen Produkten. Nun dominierten auf der Rennstrecke Marken wie »DKW« oder »NSU« die mittleren Hubraumklassen, weil sie auf eigene Motoren zurückgreifen konnten. »Hercules« musste notgedrungen zum Geländesport wechseln, wo geeignete Motoren aus deutscher Fertigung verfügbar waren. Allerdings war der Geländesport in Deutschland ebenfalls recht populär, nicht zuletzt aufgrund der drei hintereinander folgenden Trophysiege von 1933 bis 1935. Die erfolgreichen Sechstagefahrer wie Ernst Henne, Wiggerl Kraus oder Schorsch Meier, »der Gusseiserne« genannt, sind auch heute noch legendär.

Der Geländesport

Nach dem Zweiten Weltkrieg wurden in der Bundesrepublik seit 1951 wieder Gelände-Zuverlässigkeitsfahrten ausgerichtet, die nicht selten 500 Kilometer lang waren, allerdings überwiegend über unbefestigte Nebenstraßen führten. Damals reichten ein breiter Lenker und grobstollige Reifen und vielleicht noch ein hochgezogener Auspuff, um ein serienmäßiges Straßenmotorrad in eine Geländemaschine umzubauen. Oft hört man heute noch in Erzählungen, dass es damals üblich war, mit der Wettbewerbsmaschine auf eigener Achse zum Veranstaltungsort zu fahren, wo dann die Startnummernschilder angeschraubt wurden. PKW und Anhänger waren einst die Ausnahme.

Es sollte allerdings noch bis 1955 dauern, bevor erstmals die Deutsche Geländemeisterschaft ausgerichtet wurde, die sich durch deutlich anspruchsvollere Strecken als bei den bisherigen Zuverlässigkeitsfahrten auszeichnete.

▲ *In den frühen 1950er Jahren reichte zum Geländefahren ein breiter Lenker, grobstollige Reifen und vielleicht noch ein hochgezogener Auspuff wie bei dieser »Hercules 313«.*

Bis dahin gab es nur die Internationale Sechstagefahrt als einzige Veranstaltung mit Meisterschaftscharakter. Das »Int. Six Days Trial« wurde bereits 1913 im schottischen Carlisle als Mannschaftswettbewerb für Nationalteams ausgerichtet und zählt zu den ältesten Motorsportveranstaltungen. Bis auf kriegsbedingte Unterbrechungen oder die Corona-Pandemie im Jahr 2020 wurde die Sechstagefahrt in jedem Jahr ausgetragen. Aufgabe war, eine anspruchsvolle Geländestrecke nach bestimmten Zeitvorgaben zu bewältigen und am Ende der sechs Tage die aus sechs Fahrern bestehenden Nationalmannschaften ohne Ausfall und mit möglichst wenig Strafpunkten ins Ziel zu bringen. Neben den »Trophymannschaften« gab es aus vier Fahrern bestehende »Silbervasen-Mannschaften«. Während die Trophy-Fahrer auf Motorrädern starten mussten, die in ihrem eigenen Land gebaut wurden, durften die sogenannten »Vasenfahrer« auch auf Maschinen ausländischer Produktion antreten. Die Fahrer waren während des Wettbewerbs auf sich gestellt. Fremde Hilfe, auch unter Mannschaftskameraden, war verboten und führte zum Ausschluss, so dass die Fahrer gleichzeitig auch ihre eigenen Mechaniker waren. Für jeden Hersteller war es eine Ehre (und natürlich auch eine sehr gute Werbung), von den nationalen Sportorganisationen in die Trophy- bzw. Silbervasenmannschaften berufen zu werden.

Die Gelände-Europameisterschaft wurde erst 1968 zum ersten Mal ausgerichtet, 1990 erfolgte die Aufwertung zur Enduro-Weltmeisterschaft.

Der Höhepunkt eines jeden Jahres aber blieb die im Herbst ausgerichtete Internationale Sechstagefahrt, oft auch als »Olympiade des Motorradsports« bezeichnet. Heute, im Zeitalter des modernen Endurosports mit wesentlich publikumsträchtigeren Formaten wie der World Enduro Super Series-Weltmeisterschaft mit Veranstaltungen wie dem Erzberg Hare Scramble mit bis zu 1800 Teilnehmern, dem Hawkstone Park Cross Country oder dem Getzen-Rodeo südlich der sächsischen MZ-Stadt Zschopau hat die Sechstagefahrt viel von ihrer einstigen Faszination verloren.

Erstmals nach dem 2. Weltkrieg findet sich in der Ergebnisliste der Sechstagefahrt von 1954, die in Llandrindod Wells/Wales ausgetragen wurde, eine einsame «Hercules». Willi Brösamle brachte seine 250er nach sechs harten Tagen immerhin mit einer Silbermedaille ins Ziel, nachdem er im Jahr zuvor auf einer «Adler» eine Goldmedaille gewonnen hatte.

Die erste Meisterschaft im Premierenjahr

1955 einigte sich die damalige OMK (Oberste Motorradsport-Kommission) mit dem ADAC und dem Deutschen Motorsportverband (DMV) darauf, eine Geländemeisterschaft mit einer einheitlichen Wertung auszurichten. Anfangs gab es sechs Soloklassen von 125 Kubik bis 750 Kubik, dazu vier Gespannklassen von 250 Kubik bis 750 Kubik. Von den 15 Meisterschaftsläufen wurden die besten sechs gewertet, so dass die Fahrer in den 1950er Jahren nicht gezwungen waren, vom hohen Norden bis nach Bayern zu einer Veranstaltung anzureisen.

Zu dieser Zeit gab es noch ein rundes Dutzend Hersteller in Deutschland, die sich werksseitig am Geländesport beteiligten, die Mehrzahl kam aus dem Nürnberger Raum (»Ardie«, »Hecker«, »Hercules«, »Mars«, »Triumph«, »Victoria« und »Zündapp«). Für »Hercules« startete der zweimalige Six Days-Medaillengewinner Willi Brösamle aus Feucht in der 250er Klasse. Mit seiner »Hercules 322« mit »JLO«-Zweizylindermotor

▲ *Im Premierenjahr der Deutschen Geländemeisterschaft 1955 gewann Willi Brösamle mit einer Zweizylinder-250er die Viertelliterklasse (links). Rechts eine 175er auf Basis der »Hercules 320«.*

▲ *Willi Brösamle aus Feucht wurde zweimal Deutscher Geländemeister in der 250er Klasse (1955) und in der 175er Klasse (1956).*

beendete Brösamle alle Meisterschaftsläufe in Wertung und gewann damit die erste Meisterschaft für »Hercules«. Des einen Freud, des anderen Leid – Volker von Zitzewitz verlor beim Endlauf seinen Titel wegen eines technischen Defekts an seiner »Maico«.

▲ *Immer noch recht seriennah war die Sechstagemaschine von Willi Brösamle aus dem Jahr 1956, allerdings schon mit einer Triumph-Telegabel. Die Pressluftflasche mit langem Schlauch gehörte damals dazu, um bei einer Panne den Reifen aufpumpen zu können.*

▲ *Erfolgreiche Hunderter: Werner Schell, Karl Wessel und Hans Lippl (von links) arbeiten unter den gestrengen Augen von Alfred Steiner (rechts) an ihren »K 101 GS«.*

▲ *Legendär ist die »Schwere Schwäbische Geländefahrt« in Künzelsau. Franz Pfitzmaier kämpft sich bei der »SSG 1961« mit seiner »K 101« durch den Schlamm.*

▲ *Hi-Tech anno 1961: die »K 101«-Werksmaschinen hatten 1961 ein Vorgelege am rechten Gehäusedeckel, das mit dem rechten Stiefelabsatz geschaltet wurde. So standen dem Fahrer acht statt vier Gänge zur Verfügung.*

▲ *Werbewirksames Foto: 1961 gewann die Bundesrepublik in Llandrindod Wells (Wales) die Trophy. Am Erfolg beteiligt war auch Lorenz »Lenz« Müller auf seiner 175er »Hercules«. Es sollte allerdings das einzige Mal sein, dass »Hercules« die Trophy gewann.*

▲ *Die Sieger von Llandrindod Wells beim ADAC. Von links: Mannschaftsleiter »Schorsch« Weiss, Lorenz Specht (»Zündapp«), Erwin Schmider (»NSU«), Sebastian »Wastl« Nachtmann (»BMW«), Lenz Müller («Hercules»), Richard Hessler («Zündapp») und Günther Dotterweich («Maico»). Rechts: ADAC-Sportpräsident Paul von Guilleaume.*

▲ *Ein Einzelstück blieb diese Trialmaschine von 1962. Alfred Lehner startete mit der nur 75 Kilo leichten »Hercules« bei Trial-Wettbewerben.*

1956 stieg Brösamle in die kleinere (und leichtere) 175-Kubik-Klasse um und konnte auch dort die Meisterschaft für sich entscheiden. Wieder profitierte er vom Ausfallpech eines seiner schärfsten Konkurrenten – Lorenz Specht auf »Ardie«.

Die Zeit ab Mitte der 1950er Jahre war geprägt vom großen Motorradsterben in Deutschland. Viele einst bekannte Namen wie »Ardie«, »Hecker«, »Adler« oder »Triumph« stellten die Motorradproduktion ein und verschwanden damit auch aus den Ergebnislisten. Heute existiert nur noch »BMW«, aber der Geländesport ist seit über vier Jahrzehnten für die Münchner schon Vergangenheit, wenn man einmal von dem kurzen, aber erfolglosen Intermezzo mit der »G 450 X« absieht.

»Hercules« war damals dem Motorrad treu geblieben und stellte 1956 mit der handgeschalteten »K 100« sogar ein neues Modell vor. Nicht nur das, »Hercules« verstärkte seine sportlichen Anstrengungen und machte die »K 100« durch einen preiswerten Umbausatz für viele Geländefahrer attraktiv.

Dass die Sechstagefahrt 1958 in Garmisch-Partenkirchen ausgetragen wurde, gab dem Geländesport einen deutlichen Aufschwung. In der Geländemeisterschaft gab es nun eine Nachwuchswertung »Bester Ausweisfahrer«. Die Ausweisfahrer unterschieden sich von der höheren Lizenzfahrerklasse durch weiße statt gelbe Startnummernschilder.

1959 wurden die bisherigen Wettbewerbsklassen durch eine 100-Kubik-Klasse ergänzt. Wie es dazu gekommen ist, lässt sich heute nicht mehr mit Sicherheit nachvollziehen. Vermutlich war das aber ein Entgegenkommen der OMK (Obersten Motorradsport-Kommission) an »Hercules«, weil die Firma sich nicht aus dem Sportgeschehen zurückgezogen hatte und mit der K 100/K 101 sogar ein vollkommen neues Motorrad auf den Markt brachte. Eine ähnliche Situation gab es Ende der 1970er Jahre noch einmal, als die OMK im Vorfeld der Markteinführung der »BMW R 80 G/S« eine Klasse über 750 schuf. Die sogenannte »Bullenklasse« war ursprünglich als Refugium für die Bayern-Boxer gedacht, zog dann aber auch andere Hersteller und Eigenbauer an.

Für die 100-Kubik-Klasse fuhr »Hercules« zweigleisig. Zum einen war ein preiswerter Umbausatz mit breiterem Lenker, gekürzten Kotflügeln und einem hochgezogenen Auspuff erhältlich, der es vielen »K 100« oder »K 101«-Besitzern erlaubte, in der Woche mit ihrer »Hercules« zur Arbeit zu fahren, am Wochenende aber auf eigener Achse zu einer Geländefahrt in der Nähe anzureisen und dort um Medaillen zu kämpfen. Dazu gab es mit der fußgeschalteten »K 101 GS« eine komplette einsatzfähige Geländemaschine ab Werk, aus der Kiste auf die Piste sozusagen.

Die ersten sechs Maschinen waren für bekannt schnelle Fahrer reserviert – Gernot Leistner, Hans Lippl, Lorenz Müller, Werner Schell, Karl Wessel und Fritz Witzel, allerdings ging das Sextett nicht als Werksfahrer, sondern als Privatfahrer an den Start. Gleich drei Titel in Folge gingen an die »Hercules«-Fahrer Wessel (1959), Lippl (1960) und Schell (1961). Man muss hier allerdings auch der Wahrheit die Ehre geben, dass es in den Anfangsjahren in dieser Klasse keine Konkurrenz für »Hercules« gab. Die Meisterschaften glichen eher einem »Hercules«-Markenpokal und die genannten Fahrer machten die Titel quasi unter sich aus.

Als Anerkennung für die verbliebenen Hersteller, die sich noch aktiv am Geländesport beteiligten, war die Zusammensetzung der Trophymannschaften bei den Sechstagefahrten gedacht. Gleich fünf unterschiedliche Hersteller stellten Fahrer und Maschinen für die Nationalmannschaft der Bundesrepublik, die 1961 in Llandrindod Wells in Wales/GB antrat. Neben Sebastian »Wastl« Nachtmann auf BMW, Richard Hessler und Lorenz Specht auf Zündapp, Günther Dotterweich auf Maico und Erwin Schmider auf seiner NSU Max war auch »Hercules« vertreten: Lenz Müller aus dem Allgäu ging auf einer 175er an den Start. Mannschaftsleiter Schorsch Weiss, mittlerweile Zündapp-Sportchef, schaffte das fast Unmögliche – er bekam die unterschiedlichen Interessen der beteiligten Hersteller unter einen Hut und am Ende gewann die Bundesrepublik zum dritten Mal nach dem Krieg die Trophy. Es sollte aber das erste und auch das einzige Mal bleiben, dass eine »Hercules« am Gewinn der Trophy beteiligt war.

Heinz Brinkmanns Stern geht auf – und erste Erfolge für die »Zweirad Union«

Mit dem Aufkommen der 50-Kubik-Kleinkrafträder wurde auch im Motorsport eine sogenannte »Schnapsglas-Klasse« eingeführt, 1960 in der Geländemeisterschaft zunächst noch als »OMK-Pokal« ausgetragen, ein Jahr später dann mit Meisterschaftsstatus. Natürlich zog man sowohl im Schweinfurter Motorenbau als auch bei »Hercules« alle Register, um wie schon bei den Hundertern auch in der nun kleinsten Klasse zu dominieren, jedoch ging der erste Titel an den Zündapp-Fahrer Volker Kramer. Allerdings war Sportchef Alfred Winkler einer der Nachwuchsfahrer durch gute Leistungen aufgefallen, der am Ende der Saison »Bester Ausweisfahrer« in der 100-Kubik-Klasse wurde. Es war Heinz Brinkmann aus Bottrop im Ruhrgebiet, nicht unbedingt die klassische Geländehochburg. Winkler hatte den richtigen Riecher und nahm Brinkmann als Werksfahrer für die Saison 1962 unter Vertrag und setzte ihn auf die »K 50 GS«. Der von der Straßen-Fünfziger abstammende Motor hatte damals nur vier Gänge, die man mit einem handgeschalteten Vorgelege quasi verdoppelte. Dabei griffen die Techniker aber nicht auf den adaptierten Rückwärtsgang des Messerschmitt-Kabinenrollers zurück wie bei der »K 101 GS«, sondern verwendeten eine Hinterradnabe mit zwei unterschiedlichen Untersetzungen. Die Technik entsprach prinzipiell der Sachs »Torpedo«-Nabenschaltung, die schon 1903 für den Einsatz in Fahrrädern gebaut wurde, allerdings nun wesentlich verstärkt in einer Motorradnabe aus Aluguss.

▲ *Ein begnadeter Fahrer und Konstrukteur: Heinz Brinkmann wurde siebenmal Deutscher Meister, davon dreimal auf »Hercules«, zweimal Europameister, Gesamtsieger der »Valli Bergamasche« 1965 und Trophysieger von San Pellegrino 1968. Nach seiner Fahrerkarriere baute er erfolgreiche 50-Kubik-Geländemaschinen für »Hercules« und »KTM«. Das Foto entstand 1963.*

▲ *In seiner 50er Werksmaschine nutzte Heinz Brinkmann anfangs diese Hinterradnabe mit eingebautem Vorgelege, ähnlich wie die »Torpedo«-Fahrradnabenschaltung von »Sachs«.* (Foto: Leo Keller)

Der Höhepunkt der Geländesaison, die Sechstagefahrt 1962, fand in Garmisch-Partenkirchen statt, weil es damals üblich war, dass der Vorjahressieger die kommende Sechstagefahrt ausrichtete. Zwar konnte der Erfolg von Llandrindod Wells nicht wiederholt werden, aber in der Silbervasenwertung, also quasi der »Zweiten Liga« für Vierermannschaften,

▲ *Schon mit dem neuen Schwingenfahrgestell, aber noch mit dem alten Sachs-Motor ist diese Werksmaschine von Lenz Müller ausgerüstet (1962).*

gab es den ersten Erfolg für eine deutsche Mannschaft seit 1938. Mit Heinz Klingenschmidt war in der Mannschaft eine »Victoria GS 75« der »Zweirad Union« vertreten. Auch hier sollte es der erste und einzige Mannschaftserfolg bleiben, an der eine »Zweirad Union« beteiligt war. Bemerkenswert an der Zusammensetzung des Teams, zu dem neben Klingenschmidt noch Horst Rothermundt auf einer »Kreidler« sowie Günter Sengfelder und Volker Kramer auf »Zündapp« gehörten: alle vier Maschinen zusammen hatten einen Hubraum von gerade einmal 275 Kubik!

▲ *Heinz Klingenschmidt (»Victoria 75 cm³«) kämpfte sich bei der Sechstagefahrt 1962 durch den Schlamm von Garmisch.*
(Foto: Rudolf Schröder)

◄ *Zusammen nur 275 Kubik hatten die vier Maschinen, die 1962 die Silbervase gewannen. Von links: Günter Sengfelder, Volker Kramer (beide »Zündapp«), Heinz Klingenschmidt (»Victoria«) und Horst Rotermundt (»Kreidler«).*

Eine Geschichte am Rande: Damals war auch ein amerikanischer Motorradhändler aus Ohio namens John Penton auf seiner BMW 250 am Start, der schon immer ein Faible für kleine Motoren hatte. Der Erfolg der deutschen Silbervasenmannschaft ließ Penton nicht mehr los und er beabsichtigte, derartige kleine Geländemaschinen auch für den amerikanischen Markt zu bauen. Fünf Jahre später kam er mit dem damals noch kleinen österreichischen Hersteller KTM aus dem Innviertel ins Gespräch und man einigte sich per Handschlag darauf, einen Prototypen für 6000 US-Dollar zu bauen. Wie die Geschichte weiterging, ist bekannt. Penton brachte den Stein ins rollen, »KTM« baute zunächst mehrere tausend »Penton« mit Sachs-Motor und im Laufe der Jahre wurde der österreichische Hersteller zum Weltmarktführer bei den Offroadmaschinen. Mit dem Einstieg ins Straßensegment Mitte der 1990er Jahre startete »KTM« richtig durch und ist seit 2012 ununterbrochen Europas größter Motorradhersteller.

1962 hatte eine weitere Klasse Meisterschaftsstatus erhalten – die 75-Kubik-Klasse. War im Premierenjahr 1955 die 125er noch die kleinste Klasse, so gab es nun mit der 50-, 75- und 100-Kubik-Klasse gleich drei weitere Klassen mit nur jeweils 25-Kubik-Hubraumdifferenz. Die Gründe dafür darf man natürlich nicht nur im sportlichen Bereich suchen. Vielmehr sollten die Chancen auf einen Titelgewinn für die Hersteller deutlich verbessert werden, was man am einfachsten durch zusätzliche Klassen schafft. So ist es erklärlich, dass allein in den drei kleinsten Klassen bis zum Jahr 1970 über 30 Meistertitel von »Hercules«, »Victoria« (»Zweirad Union«) und »Zündapp« gewonnen wurden.

▲ *Die »Hercules«-Werksmannschaft von 1964. Von links: Lenz Müller, Karl Augustin, Alfred Lehner, Fritz Witzel, Karl Wessel, Heinz Brinkmann und Bernd Ringshausen.*

▲ *Mit zehn Werksfahrern trat das »Zweirad Union«-Team an. Von links: Werner Schell, Alfred Michel, Hans Radl, Max Zimmermann, Herbert Ott, Ferdinand Schmalz, Hartmut Tschech, Günther Dotterweich, Horst Rotermundt und Dieter Zörnig.*

▲ *Empfahl sich bei den Six Days in Garmisch für einen »Hercules«-Werksvertrag. Helmut Clasen startete in der 175er Klasse. Später nach Kanada ausgewandert wurde »Speedy« Clasen 14 Mal kanadischer Offroadmeister. Das Bild stammt von der Rheinlandfahrt 1963 in Bielstein.* (Foto: Clasen privat)

▲ *Recht seriennah war das Fahrgestell der Werksmaschine für die 100-Kubik-Klasse, allerdings hatte der Motor ein Sechsgang-Getriebe.*

Spektakulärer Gesamtsieg bei der Valli Bergamasche

Gleich mit sieben Werksfahrern und komplett überarbeiteten Werksmaschinen von 50 Kubik bis 175 Kubik startete »Hercules« in die Saison 1965 und konnte am Ende gleich zwei spektakuläre Erfolge für sich verbuchen.

Waren die Maschinen der »Hercules«-Werksfahrer bisher allenfalls im Detail gegenüber den käuflichen Pendants verbessert, änderte sich das Mitte der 1960er Jahre. Direkt ins Auge fielen die gekürzten und tiefliegenden Tanks, die den Maschinen neben einem unverwechselbaren Erscheinungsbild auch einen tiefen Schwerpunkt verliehen. Zum Einsatz kamen zerlegbare MZ-Federbeine und MZ-Naben, die den Vorteil hatten, ungekröpfte, also weniger bruchanfällige Speichen benutzen zu können. Erst auf den zweiten Blick fielen bei den beiden größeren Varianten mit 100 und 132 Kubik (für die 175er Klasse) die speziellen Motorengehäuse auf, die denen der Fünfziger stark ähnelten, zumindest von der linken Seite. Während die käuflichen Maschinen nur vier Gänge hatten, waren die Werksfahrer da schon besser gestellt und konnten auf ein Sechsgang-Getriebe zurückgreifen. Lange Zeit ein großes Geheimnis waren die Getriebe vom Fünfziger-Star Heinz Brinkmann. Sogar die Zeitschrift »Motorrad« rätselte in ihrem Bericht über den Geländemeisterschaftslauf in Eschwege über die Anzahl der Gangstufen. Heute erinnert Brinkmann sich lachend: »Nur der Max Kaiser (der damalige Sportmotorenentwickler von Fichtel & Sachs) und ich wussten, wie viele Gänge meine Motoren hatten. Schon 1963 bin ich bei der Rheinlandfahrt in Bielstein zum ersten Mal ein Sechsgang-Getriebe gefahren, 1964 beim DM-Lauf in Schweinfurt versuchsweise ein Siebengang-Getriebe«. Das Siebengang-Getriebe, bei dem man für jedes Gelände die passende Getriebeabstufung wählen konnte, war während der ganzen Saison 1965 im Einsatz, also auch beim Gesamtsieg in Bergamo.

Damals gab es bekanntlich noch keine internationale Meisterschaftsserie wie die spätere Gelände-Europameisterschaft, jedoch zahlreiche internationale Mehrtagesfahrten, darunter die »Valli Bergamasche« in den Tälern von Bergamo in Oberitalien. Diese Veranstaltungen wurden von den meisten Herstellern zu einem Kräftemessen im Vorfeld der Sechstagefahrten genutzt, waren also immer international und hochkarätig besetzt. Die in Deutschland mittlerweile populäre Fünfziger-Klasse, die es in Italien damals noch nicht gab, wurde

▲ *Die »Hercules«-Werksfahrer im April 1965 nach dem Einfahren der Motoren für den Meisterschaftslauf in Gerolzhofen. Von links Rolf Witthöft, Heinz Brinkmann, Lenz Müller, Norbert Gabler, Bertl Seitz, Max Wenninger und Karl Augustin.*

▲ *Rolf Witthöft aus Bad Oldesloe auf einem der typischen Abschnitte bei der »Valli Bergamasche« 1965.* (Foto: Witthöft privat)

▲ *Durch seinen Gesamtsieg bei der »Valli Bergamasche« 1965 wurde Heinz Brinkmann auch in Italien legendär. Als einziger Fahrer brachte er seine Fünfziger strafpunktfrei ins Ziel.*

erst auf Intervention der Jury ins Programm genommen, wobei allerdings niemand ernsthaft damit rechnete, dass es eine »Cinquantina« überhaupt bis ins Ziel schaffte. Umso größer war die Überraschung, als am Ende des zweiten Tages gleich drei Fünfziger auf den ersten vier Plätzen im Gesamtranking auftauchten. Eine Sensation allerdings war das Ergebnis von Heinz Brinkmann: als einziger der 124 Starter beendete er die Veranstaltung ohne Strafpunkte und wurde damit Gesamtsieger! Damit machte sich Brinkmann bei den sportbegeisterten Tifosi unsterblich. Mehr noch: über vierzig Jahre behielt er in Bergamo eine »weiße Weste« – alle 27 Fahrtage, an denen er bei der »Valli«, den »Sei Giorni«, also der Sechstagefahrt in San Pellegrino oder den späteren »Valli Revival«-Klassik-Veranstaltungen teilnahm, beendete der Bottroper ohne einen einzigen Ausfall und krönte sich damit zum »König von Bergamo«.

Und noch einen weiteren spektakulären Erfolg gab es für »Hercules«: bei der Sechstagefahrt auf der Insel Man in der irischen See blieb die »Hercules«-Fabrikmannschaft als einzige strafpunktfrei und gewann den »Manufacturers Award«, also die Herstellerwertung.

▲ *»Hercules« wurde beste Fabrikmannschaft bei den Six Days 1965 auf der Isle of Man in der Irischen See. Hans Trinkner fuhr eine Fünfziger.*

▲ *Eine typische Szene an einer Zeitkontrolle, damals selbstverständlich noch mitten im Ort. Eine 175er »Hercules« (vorn), eine 50-Kubik-»Victoria« und eine weitere »Hercules« im Hintergrund warten vor der Stempeluhr.*

Ein Blick in den Nürnberger Süden zum damaligen »Hercules«-Konkurrenten »Zweirad Union«, wo man 1964 mit nicht weniger als zehn Werksfahrern in der Deutschen Meisterschaft angetreten war: Neben den in Deutschland als »Victoria« startenden Werksmaschinen waren die »Zweirad Union«-GS-Modelle besonders in Holland populär, wo sie allerdings als »DKW« antraten. Seit 1964 hatten die Maschinen der Werksfahrer einen Doppelrohrrahmen, ähnlich wie er später bei der 159 TS-Straßenmaschine serienmäßig war. Daneben gab es auch eine 50-Kubik-Version für Privatfahrer, die allerdings über den Blechpressrahmen der Straßenmodelle vom Typ 166 verfügte und somit ausgesprochen seriennah war. Damit entsprachen sie im Wesentlichen der von Heinz Klingenschmidt bei der Sechstagefahrt 1962 eingesetzten Silbervasenmaschine. Obwohl diese Maschinen ausgesprochene Raritäten sind und im letzten Vierteljahrhundert keine »Zweirad Union« an einer der zahlreichen Klassik-Geländefahrten teilgenommen hat, soll eine »nicht unbeträchtliche Anzahl« dieser Privatfahrer-Fünfziger ausgeliefert worden sein, wie die Zeitschrift »Motorrad« 1964 in ihrer Ausgabe Nr. 12 berichtete. Erinnerungen von Zeitzeugen zufolge sollen später auch Maschinen mit Doppelrohrrahmen für Privatfahrer zumindest offiziell erhältlich gewesen sein.

Interessenten für eine dieser handgefertigten Replicas, die nur auf Bestellung gebaut worden wären, soll damals aber geraten worden sein, sich allein wegen des hohen Preises einer solchen »Zweirad Union« doch besser eine deutlich preiswertere »Hercules« zuzulegen. Ob tatsächlich derartige Motorräder auf Bestellung gebaut wurden oder frühere Werksmaschinen in die Hand von ausgesuchten Privatfahrern gegeben wurden, ist heute nicht mehr feststellbar.

Auch 1966 weiter auf der Erfolgsspur

Auch 1966 war recht erfolgreich für »Hercules«, wenn man sich die Ergebnisse der Sechstagefahrt im schwedischen Karlskoga anschaut. Mit Norbert Gabler, der in der 50-Kubik-Klasse startete, war eine »Hercules« in der siegreichen Silbervasenmannschaft der Bundesrepublik vertreten, während die DDR schon zum vierten Mal in Folge die Trophy nach Ostdeutschland holte. Heinz Brinkmann, Karl Augustin und Lenz Müller konnten dazu den Vorjahreserfolg wiederholen und gewannen die Wertung für Fabrikmannschaften. Bei vielen Sechstagefahrten waren auch Militärmannschaften am Start, so auch in Schweden. Die damalige Panzer-Truppen-Schule in Munster hatte drei Soldaten für die Clubmannschaftswertung gemeldet, die in gleicher Besetzung schon die Mannschaftswertung in der Deutschen Geländemeisterschaft gewonnen hatten: Heino Büse, Ruprecht Lammers und Burchard Lenz. Und wie bereits in der nationalen Meisterschaft wurden die Soldaten aus »Väst Tyskland« beste der 31 ange-

▲ *Wie schon in der Deutschen Meisterschaft gewann das Bundeswehrteam auch die Mannschaftswertung bei den Six Days 1966 in Karlskoga/Schweden. Von links: Heino Büse, Burchard Lenz (beide »Hercules«) und Ruprecht Lammers (»Zündapp«) mit einem schwedischen Kameraden.* (Foto: Lenz privat)

▲ *Max Zimmermann auf »DKW 125« gewann bei den Six Days in Schweden eine Goldmedaille.* (Foto: Zimmermann privat)

▲ *Die junge Dame, die Max Zimmermann beim Service zuschaut, ist seine Schwester Franziska, später eine der populärsten Betreuerinnen im Geländesport und die erste weibliche Teammanagerin des Deutschen Motorsport-Bundes.* (Foto: Zimmermann privat)

▶ *Wolf im Schafspelz: Burchard Lenz startete 1966 auf einer olivgrünen 100-Kubik-Werksmaschine für die Bundeswehrmannschaft.*

153

tretenen Clubmannschaften. Das Highlight sollte aber noch kommen. Bei der Siegerehrung erhielten die in Uniform angetretenen deutschen Soldaten den Pokal aus der Hand eines russischen Admirals, ebenfalls in Uniform. Mitten im »Kalten Krieg« war das schon mehr als eine sportliche Geste, die nicht in Vergessenheit geraten darf, zumal die Welt auch im Motorsport damals in West und Ost geteilt war. Im Geländesport kämpften viele Jahre die Fahrer aus der DDR und der CSSR auf ihren MZ- und Jawa-Maschinen vor allem gegen die westdeutschen Zündapp-Fahrer. Fünfmal in Folge konnte die DDR von 1963 bis 1967 die Trophy gewinnen, bevor die Bundesrepublik 1968 im italienischen San Pellegrino die Siegesserie beendete.

Ebenfalls fünfmal gewann die CSSR in den frühen 1970er Jahren die Trophy, bevor die Bundesrepublik die begehrte Trophäe 1975 und 1976 gewinnen konnte. Eine »Hercules« war an diesen Erfolgen allerdings nicht beteiligt.

Eine »Hercules« 100-Kubik-Werksmaschine von 1967. Später wurde sie vom Holländer Stef van der Sluis gefahren. Bemerkenswert sind die Bremsnaben, die von »MZ« aus der damaligen DDR stammen.

»Kaiser Max« und seine beiden Meister. Heinz Brinkmann (links) und Rolf Witthöft, die Deutschen Geländemeister von 1967, präsentieren dem »Sachs«-Motorenchef Max Kaiser (Mitte) ihre Trophäen. (Foto: Witthöft privat)

Günther Dotterweich hielt der »Zweirad Union« die Treue – hier auf einem der letzten Modelle von 1967. (Foto: Dotterweich privat)

▲ *Ferdl Schmalz gewann bei der Sechstagefahrt im polnischen Zakopane 1967 eine Goldmedaille auf seiner 125er »DKW«, die mit einer 35 mm dicken Ceriani-Gabel und einer MZ-Bremstrommel ausgerüstet war.* (Foto: Archiv Rudi Schlosser)

▲ *Zurück in Nürnberg – die Kampfspuren der Sechstagefahrt in der Hohen Tatra sind noch deutlich zu sehen. Die Maschine existiert noch heute in Sammlerhand.*

▲ *Diese »DKW« 125 von 1967 befindet sich heute ebenfalls in Sammlerhand und ist nach wie vor fahrbereit. Damals wurde sie von Günther Dotterweich gefahren.*

Sachs beendet das Geländesportengagement

1967 gab die Sachs-Gruppe den Rückzug der beiden Marken »Hercules« und »Zweirad Union« aus dem Geländesport bekannt, im Gegenzug wollte man für die zahlreichen Privatfahrer neue Modelle von 50 Kubik bis 125 Kubik in Kleinserie bauen. Die Konkurrenz rieb sich natürlich die Hände, weil sie einige der schnellsten Fahrer, darunter die amtierenden Meister Heinz Brinkmann und Rolf Witthöft, praktisch auf dem Silbertablett präsentiert bekamen. Wenn man sich die späteren Erfolge der ehemaligen »Hercules«-Stars anschaut, kann man sich nur darüber wundern, dass Sachs seine Marken ohne Not aus dem Sport zurückgezogen hatte. Hans Trinkner wurde 1968 Europameister auf »Zündapp« 75 Kubik, Rolf Witthöft auf »Puch« 125 Kubik. Heinz Brinkmann war im gleichen Jahr Mitglied der siegreichen deutschen Trophymannschaft im italienischen San Pellegrino und ein Jahr später gewannen Norbert Gabler, Hans Trinkner und Rolf Witthöft im heimischen Garmisch-Partenkirchen zusammen mit dem Zündapp-Fahrer Helmuth Beranek die Silbervase.

▲ *Nach dem Rückzug aus dem Geländesport stellte »Hercules« einige speziell präparierte Serienmotorräder bereit. Das Foto zeigt Rolf Beppler (links) und Karl Reichel mit ihren Hundertern bei der Sechstagefahrt 1972 in Spindlermühle (ČSSR). Das »V« auf den Startnummernschildern weist die Fahrer als Mitglieder einer »Vasenmannschaft« aus, also quasi einer »B-Nationalmannschaft«.*

Zumindest wollte die Geschäftsleitung aber beim alljährlichen Höhepunkt der Geländesaison ihre »Hercules«-Maschinen am Start sehen und rüstete einige Jahre lang Silbervasenmannschaften mit speziell vorbereiteten seriennahen Geländesport-Modellen aus. Als Fahrer setzte man auf schnelle Leute, die vertraglich nicht an andere Fabrikate gebunden waren wie Heinz Brinkmann, Heino Büse und Toni Stöcklmeier, den späteren KTM-Importeur oder schnelle Privatfahrer wie den Pfälzer Rolf Beppler oder Karl Reichel aus Gefrees.

Ohne Sportbeteiligung geht es nicht

Anfang der 1970er Jahre war der Geländesport, nicht zuletzt vor dem Hintergrund des Trophy-Sieges von San Pellegrino (1968), überaus populär. Starterfelder von 200 Fahrern und mehr waren keine Seltenheit. Obwohl »Hercules« nach wie vor in jedem Jahr eine geringe Zahl von Wettbewerbsmaschinen in Kleinserie baute, waren die vielen Hobbyfahrer gegen die Werksfahrer von »Zündapp«, dem Hauptkonkurrenten auf dem heimischen 50-Kubik-Markt, natürlich chancenlos. Weil aber gerade bei den jugendlichen Kunden sportliche Erfolge zählen, erfolgte 1974 der Wiedereinstieg mit Werksmaschinen. Allerdings ist es wenig verwunderlich, dass nach einer mehrjährigen Pause nicht gleich der Anschluss an die dominierenden »Zündapp«-Werksmaschinen gelang. Auch der Holländer Jan Witteveen, später Aprilia-Renndirektor, unter dessen Regie 23 Weltmeistertitel errungen wurden, konnte da keine Wunder vollbringen und verließ das Frankenland bald wieder in Richtung Italien.

Die Zeitschrift »Motorrad« berichtete in ihrer Ausgabe 9/1974 über den Saisonauftakt in Eschwege unter der Überschrift »Frühlingserwachen«. Damit war auch das neuerwachte Interesse von »Hercules« am Geländesport treffend beschrieben. Ein Doppelrohrrahmen, ähnlich wie schon seit einigen Jahren bei den entsprechenden »KTM«-Maschinen eingesetzt, löste den aus den frühen 1960er Jahren stammenden Zentralrohrrahmen ab und es tauchten auch mehrere Werksmaschinen auf, die am blauen Chromtank von den käuflichen Maschinen leicht zu unterscheiden waren. In gleicher Optik war bei der Sechstagefahrt in Camerino/Italien ein Prototyp mit einem 7-Gang-Sachs-Motor zu sehen, dessen Markteinführung für die Saison 1976 geplant war. So ist es eigentlich verständlich, dass die Weiterentwicklung der bewährten Sechsgang-Motoren von Anfang an auf Sparflamme lief.

▲ *Eddy Hau ist einer der erfolgreichsten deutschen Geländefahrer. Wie viele andere begann er seine Karriere auf »Hercules«. Das Foto zeigt ihn beim Abschlussrennen der »Sei Giorni« 1974 im italienischen Camerino.* (Foto: Leo Keller)

▲ *Gemischtes Doppel – die deutsche Silbervasenmannschaft für die Six Days 1975 bestand aus den beiden »Hercules«-Fahrern Gerhard Baier (links) und Reinhard Christel (2. von rechts) sowie den beiden »Maico«-Fahrern Lenz Müller (2. von links) und Herbert Schek (rechts). In der Mitte Vasenbetreuer Alfred Steiner.*

▲ *Erst auf den zweiten Blick war zu erkennen, dass diese »Hercules« bei der Fahrzeugabnahme der Sechstagefahrt 1974 die Kette auf der linken Seite hatte. Es handelte sich um einen Prototypen mit einem Siebengang-Motor, der zwei Jahre später in Serie ging.* (Foto: Leo Keller)

▲ *Smalltalk mit Vasenfahrer Reinhard Christel an der Zeitkontrolle auf der Insel Man. Betreuer Alfred Steiner ist sichtlich »not amused«.*

▲ *»Brinki« im Sand an der irischen See. Bernhard Brinkmann war neben seinem Bruder Heinz, der die Motorräder gebaut hatte, einer der beiden 50-Kubik-Werksfahrer von 1975.*

1976 sollte »Hercules« und »Sachs« mit den neuen hochmodernen 7-Gang-Sportmotoren der große Wurf gelingen, so zumindest die Planung. Ein horizontal geteiltes Gehäuse und ein Primärkickstarter, bei dem der Motor auch bei eingelegtem Gang gestartet werden konnte, waren technisch up to date, die neue Modellreihe war zunächst für Hubräume von 125 Kubik bis 350 Kubik geplant, eine spätere noch größere Version war nicht ausgeschlossen. Damit wird auch gleich deutlich, wo das Problem lag. Weil alle Komponenten für die stärkste Version ausgelegt waren, gerieten zumindest die kleinen Versionen schon auf dem Zeichenbrett übergewichtig. Die 125er hatte das gleiche Fahrwerk wie die 350er, die tatsächlich nur 255 Kubik hatte, um in der 350-Kubik-Klasse starten zu dürfen. Auch die Motoren unterschieden sich abgesehen vom Hubraum nur in Details.

Jedenfalls lieferte »Hercules« nun eine ganze Palette käuflicher Motorräder von 50 bis 350 Kubik, eine Geländemaschine mit Wankel-Motor startete sogar in der Klasse über 500 Kubik, doch dazu später mehr. Die Fünfziger, jetzt mit dem leichten Doppelrohrrahmen der Werksmaschine von Heinz Brinkmann, stand als »GS 50 Spezial« in der Preisliste, die Hunderter entsprach dem Vorjahresmodell mit Sechsgang-Motor und die übrigen Modelle besaßen den neuen Siebengang-Motor.

Die Erwartungen an die neue Modellreihe waren aber zu hoch gewesen. Bei den käuflichen Maschinen kam es im Laufe der Saison zu zahlreichen Rahmenbrüchen, weshalb viele Privatfahrer enttäuscht zu »KTM« oder »Maico« wechselten. Auch die Werksfahrer waren nicht glücklich mit ihrem Material, allerdings waren die Probleme hier eher motorseitig zu suchen.

Im Sommer 1976 konnte »Hercules« Heinrich Wieditz verpflichten, einen der Väter der Zündapp-Erfolge im Geländesport. Wieditz konstruierte einen komplett neuen Zylinder für die Sportmotoren, der bei der Sechstagefahrt im österreichischen Zeltweg am heutigen »Red Bull-Ring« erstmals zum Einsatz kam, dazu neue Fahrgestelle für die Werksfahrer, die in der Saison 1977 eingesetzt wurden. Bis auf das Siebengang-Getriebe gab es weder technische noch optische Gemeinsamkeiten mit den käuflichen Sportmodellen, was wiederum den Marketing-Leuten von Motorenbauer »Fichtel & Sachs« und von »Hercules« nicht so recht gefiel.

Jedenfalls waren die Wieditz-Maschinen, die in Deutschland als »Hercules« und in Italien vom Importeur »Playmotor« als »DKW« eingesetzt worden, quasi über Nacht konkurrenzfähig geworden. Zwei Deutsche Meisterschaften für Hans Wagner und Heino Büse, eine italienische Meisterschaft für Franco Gualdi und gleich drei Klassensiege bei der Sechstagefahrt in Považská Bystrica in der heutigen Slowakei für Gino Perego (50 Kubik), Franco Gualdi (175 Kubik) und Guglielmo Andreini (250 Kubik) sind eine überaus positive Bilanz.

Ganz besonders gewurmt haben dürfte den italienischen KTM-Importeur Arnaldo Farioli der Klassensieg von Gian Paolo Marinoni (»DKW« 350) bei der prestigeträchtigen Valli Bergamasche. Der allenfalls in Italien bekannte Marinoni hatte gezeigt, dass der als unschlagbar geltende Tscheche Kvetoslav Masita doch bezwungen werden konnte, allerdings nicht

▲ *Helmut Clasen blieb auch nach seiner Auswanderung nach Kanada dem Geländesport treu. Bei der Sechstagefahrt 1976 am heutigen »Red Bull-Ring« in der Steiermark war er Mitglied des kanadischen Trophy-Teams und nahm eine Silbermedaille mit heim nach Ontario.* (Foto: Clasen privat)

▲ *Heino Büse auf einer 350-Kubik-Werksmaschine von 1977. Gut erkennbar ist der spezielle »Wieditz-Zylinder«. Büse gewann im gleichen Jahr die Deutsche Meisterschaft.* (Foto: Rudolf Schröder)

▲ *Mit großem Aufwand ging »Hercules« in die Saison 1977. Hier unterhält sich Konstrukteur Heinrich Wieditz mit Werksfahrer Arnulf Teuchert, der ein Jahr zuvor von ihm »entdeckt« wurde.*

▲ *Deutlich handlicher als die schweren Produktionsmaschinen waren die 1977er Werksmaschinen. Das Foto zeigt Arnulf Teuchert auf einer Hunderter mit Siebengang-Motor.* (Foto: Teuchert privat)

▲ *Ein Blick in die Sportabteilung. Hier wird die Zündung an einem Werksmotor mit Wieditz-Zylinder eingestellt.*

▲ *Das Hercules-Team von 1977. v.l.: Alfred Hahn, Waltraud Popp, Heino Büse (350 ccm), Sportleiter Hermann Popp, Günther Dotterweich, Arnulf Teuchert (100 ccm), Anita Teuchert, Hans Wagner (250 ccm), Fred Marschall, Schorsch Kohler und Lorenz Kirchenbauer (175 ccm).*

von Fariolis 350 Kubik-Fahrer Roberto Capelli, sondern von einer »DKW« aus dem »Playmotor«-Team von Fariolis schärfstem Konkurrenten Tullio Masserini. Bis heute hält sich das Gerücht, dass Farioli deswegen bei KTM-Chef Erich Trunkenpolz vorstellig geworden sei. Nach gerade einmal einem Jahr in »Hercules«-Diensten wechselte Heinrich Wieditz jedenfalls von den Franken ins österreichische Inntal zu »KTM«, wo er allerdings nicht an den Geländemaschinen arbeitete, sondern eine Trial-Maschine konstruierte, mit der Felix Krahnstöver aus Celle 1978 Deutscher Trial-Meister wurde. Wieditz hielt es aber auch nicht lange bei »KTM«, es zog ihn zurück nach München, wo er viele Jahre für die Erfolge der Zündapp-Geländemaschinen verantwortlich war. Hier war er bei »BMW« an der Entwicklung des 1350 PS starken 1,5-Liter-Turbomotors beteiligt, mit dem Nelson Piquet 1983 die Formel 1-Weltmeisterschaft gewann.

Internationale Erfolge und erneuter Rückzug 1978

1978 starteten das deutsche und das italienische Team unter dem einheitlichen Namen »Sachs«, aber schon Anfang der Saison zog »Hercules« seine deutschen Werksfahrer, darunter zwei amtierende Meister und einen Vize-Europameister, aus der Europameisterschaft zurück und überließ das Feld dem nun unter »Sachs Corse« startenden italienischen Importeursteam. Der Journalist Robert Poensgen, damals einer der profundesten Kenner des Geländesports, stellte in seinem Kommentar »Auf Eis gelegt« in der Zeitschrift »Motorrad« die Frage: »Kann sich der deutsche Motorradsport das leisten?« Ausgerechnet in dem Jahr, in dem »Hercules« wieder den Anschluss an die Spitze geschafft hatte und am Ende zwei Europameisterschaften gewann, zog die Geschäftsleitung den Stecker und verkündete den Ausstieg aus dem Geländesport, auch für die italienischen Fahrer – wieder einmal. Offensichtlich waren die Erfolge deutlich unter den Erwartungen geblieben. Zum Vergleich: der damals kleine österreichische Hersteller »KTM«, der erst 1968 mit der »Penton Six Day« den Bau von käuflichen Geländemaschinen aufgenommen hatte, gewann zwischen 1974 und 1978 elf Deutsche Geländemeisterschaften, neun Europameisterschaften und drei Motocross-Weltmeisterschaften. Und Hauptkonkurrent »Zündapp« konnte zwischen 1968 und 1978 nicht weniger als 44 Deutsche Meisterschaften und 39 Europameisterschaften für sich entscheiden. Da zahlte sich eben die Konstanz aus, wenn man viele Jahre ohne Unterbrechung dabei ist, nicht zuletzt auch deswegen, weil der Geländesport bei »KTM« und »Zündapp«-Chef- bzw. Chefin-Sache war.

Wenn man heute mit Beteiligten von einst spricht, kann man sich eigentlich nur wundern, dass die Geschäftsleitung zwar eine Menge Geld in die Hand genommen hat, es dann aber an der nötigen Konsequenz fehlen ließ und viel zu früh die Flinte ins Korn geworfen hat. Mit dem Schweinfurter Motorenversuch von »Fichtel & Sachs«, der Versuchsabteilung von »Hercules« und der Sportabteilung arbeiteten gleich drei unterschiedliche Abteilungen an Serien- und Werksmaschinen. Ob es ein kluger Schachzug war, die deutschen Werksfahrer 1977 auf »Hercules«, die italienischen jedoch auf absolut identischen »DKW«-Maschinen in internationalen Wettbewerben starten zu lassen und sich gegenseitig Konkurrenz zu machen, sei einmal dahingestellt. Da zählte der Erfolg eines international unbekannten italienischen DKW-Fahrers bei der »Valli Bergamasche«, dem Europameisterschaftslauf in Bergamo, mehr als der mögliche Titelgewinn des deutschen »Hercules«-Fahrers, dem am Ende die Punkte fehlten, die sein italienischer »Teamgefährte« ihm weggenommen hatte, um vor heimischem Publikum zu glänzen.

▲ *Das italienische Sachs-Team von 1978. Von links: Gino Perego, Franco Gualdi, Walter Bettoni und Augusto Taiocci. Perego und Gualdi gewannen damals die einzigen Europameisterschaften für »Hercules« in der 50 bzw. 175 Kubik-Klasse.*

▲ *Ultraleicht war die 50-Kubik-Werksmaschine von Gino Perego, der damit 1978 die zehnjährige Siegesserie von Zündapp in der Europameisterschaft beendete.*

▲ *»Düsen-Büse« – Heino Büse auf der 350er »Hercules« war 1977 und 1978 einer der schnellsten Fahrer in der Mittelklasse. Nach dem Wechsel zu »Maico« wurde er 1979 und 1980 Europameister.* (Foto: Büse)

▶ *Richtig erfolgreich wurde Arnulf Teuchert erst nach seiner Rückkehr von Zündapp. Von 1981 bis 1983 gewann er dreimal in ununterbrochener Folge den nationalen Titel in der neuen 80-Kubik-Klasse.* (Foto: Teuchert)

1979 fand die Internationale Sechstagefahrt im Siegerland statt. Aber anstelle die Gelegenheit zur Markenpräsentation zu nutzen, wie eigentlich noch im Frühjahr 1978 geplant, reduzierte »Hercules« sogar das ursprünglich vorgesehene Sponsoring. Hintergrund war die Tatsache, dass damals schon der Rückzug aus dem Motorsport beschlossene Sache war, was allerdings erst zu einem späteren Zeitpunkt publik gemacht werden sollte. Nicht einmal eine Handvoll »Hercules«- bzw. »Sachs«-Maschinen war dann im Herbst 1979 im eigenen Lande am Start. Die damals angebotenen »aktuellen« Geländemaschinen waren lediglich blau lackierte 77er Modelle.

▲ *Mit Teucherts nationalen Erfolgen war »Hercules« auch wieder ein Thema für die Nationalmannschaft, die 1981 auf der Insel Elba einen hervorragenden 2. Platz hinter Lokalmatador Italien errang. Von links: Jürgen Grisse, Arnulf Teuchert, Klaus-Bernd Kreutz, Bert von Zitzewitz und Heino Büse sowie Hans-Werner Pohl.* (Foto: Teuchert

▲ *Vor voller Kulisse lässt Teuchert seine 80er beim Abschlussrennen der Sechstagefahrt 1982 im tschechischen Považská Bystrica fliegen. Am Ende der sehr schweren Veranstaltung wurde er in seiner Klasse Zweiter.* (Foto: Teuchert)

▲ *Die Vasenmannschaft bei der Sechstagefahrt 1983 in Builth Wells (Wales): von links Bernhard Brinkmann, 1980 letzter Deutscher 50-Kubik-Meister, Arnulf Teuchert, Teammanager Wolfgang Butzner, heute Metzeler-Renndienst, der zweimalige Europameister Joachim Sauer, heute Senior Product Manager bei KTM und Eddy Hau, sechsmaliger Deutscher- und viermaliger Europameister.*

Der Sportservice war zwischenzeitlich an Ernst Brehm, einen engagierten Händler aus Roßdorf bei Darmstadt, übergeben worden und der groß geplante Einstieg in den Moto-cross-Sport blieb nur ein Strohfeuer. Nach dem tragischen Unfall von Willy Bauer beim Großen Preis von Schottland, der den Schwaben an den Rollstuhl fesselte, waren zwar noch eine Zeit lang Werksfahrer überwiegend in der 250 Kubik-, gelegentlich aber auch in der Halbliterklasse bei Wettbewerben zu sehen, aber das Engagement endete irgendwann recht geräuschlos. Von der käuflichen MC 250 waren da gerade einmal 400 Stück gebaut worden.

Als am 1. April 1980 die neue Leichtkraftradklasse für 80-Kubik-Motorräder mit einer auf 80 km/h beschränkten Höchstgeschwindigkeit eingeführt wurde, entschloss sich die Geschäftsleitung erneut zum Wiedereinstieg in den Endurosport, wie es nunmehr hieß. Die Sporterfolge in der 80-Kubik-Enduroklasse sollten auch die Verkaufszahlen der neuen Leichtkrafträder beflügeln. Als Fahrer wurde mit Erwin Schmider einer der erfolgreichsten deutschen Geländesportler verpflichtet und auch Arnulf Teuchert, Silbervasengewinner von 1980, war ein heißer Titelanwärter. Gleich dreimal in Folge gewann Arnulf Teuchert von 1981 bis 1983 die Deutsche Meisterschaft, allerdings konnte man bei seiner »GS 80« definitiv nicht von Seriennähe sprechen. Nicht einmal das Motorgehäuse entsprach dem Seriengehäuse, weil es zur Aufnahme des Schafleitner-Getriebes anstelle des serienmäßigen Ziehkeilgetriebes deutlich breiter war. Auch an eine Serienfertigung einer Replica der Werksmaschine, so wie einige Jahre zuvor bei der 50-Kubik »Perego Replica«, war nicht zu denken. 28 Jahre nach Willi Brösamles erster Geländemeisterschaft für »Hercules« beendete Arnulf Teuchert mit dem insgesamt 19. Titel die Geländesportgeschichte der fränkischen Marke für immer.

Die größten Hercules- und Zweirad Union-Sporterfolge

Deutsche Geländemeisterschaft			
1955	Willi Brösamle	250 cm^3	(Hercules)
1956	Willi Brösamle	175 cm^3	(Hercules)
1959	Karl Wessel	100 cm^3	(Hercules)
1960	Hans Lippl	100 cm^3	(Hercules)
	Lorenz Müller	175 cm^3	(Hercules)
1961	Werner Schell	100 cm^3	(Hercules)
	Lorenz Müller	175 cm	(Hercules)
1963	Heinz Brinkmann	50 cm^3	(Hercules)
	Günther Dotterweich	75 cm^3	(ZU/Victoria)
	Lorenz Müller	175 cm^3	(Hercules)
1964	Dieter Zörnig	75 cm^3	(ZU/Victoria)
1965	Heinz Brinkmann	50 cm^3	(Hercules)
1966	Lorenz Müller	175 cm^3	(Hercules)
1967	Heinz Brinkmann	75 cm^3	(Hercules)
	Rolf Witthöft	100 cm^3	(Hercules)
1977	Hans Wagner	250 cm^3	(Hercules)
	Heino Büse	350 cm^3	(Hercules)
1980	Hans Wagner	250 cm^3	(Sachs)
1981	Arnulf Teuchert	80 cm^3	(Hercules)
1982	Arnulf Teuchert	80 cm^3	(Hercules)
1983	Arnulf Teuchert	80 cm^3	(Hercules)

Ital. Enduromeisterschaft			
1976	Renato Foresti	100 cm^3	(DKW)
1977	Franco Gualdi	175 cm^3	(DKW)
1978	Gino Perego	50 cm^3	(Sachs)
	Franco Gualdi	175 cm^3	(Sachs)

Franz. Geländemeisterschaft			
1978	Marcel Malet	125 cm^3	(Sachs)

Gelände-Europameisterschaft			
1978	Gino Perego	50 cm^3	(Sachs)
	Franco Gualdi	175 cm^3	(Sachs)

Int. Sechstagefahrt			
1961	Llandrindod Wells/GB	Trophy	Günter Dotterweich (Maico)
			Richard Heßler (Zündapp)
			Lorenz Müller (Hercules)
			Sebastian Nachtmann (BMW)
			Erwin Schmider (NSU)
			Lorenz Specht (Zündapp)
1962	Garmisch-Partenkirchen	Silbervase	Horst Rotermundt (Kreidler)
			Heinz Klingenschmidt (Victoria)
			Volker Kramer (Zündapp)
			Günter Sengfelder (Zündapp)
1966	Villingsberg/Schweden	Silbervase	Norbert Gabler (Hercules)
			Klaus Kämper (Zündapp)
			Dieter Kramer (Zündapp)
			Erwin Schmider (Zündapp)
1969	Garmisch-Partenkirchen	Silbervase	Helmuth Beranek (Zündapp)
			Norbert Gabler (Hercules)
			Hans Trinkner (Zündapp)
			Rolf Witthöft (Puch)

Hobby zwischen Spaß und Sport – die »Privatfahrer«

Für die vielen Privatfahrer aber war der Geländesport ein erschwingliches Hobby zwischen Spaß und Sport. Auch heute noch hängen für sie viele schöne Erinnerungen an der »Geländefahrerei« auf »Hercules«-Motorrädern. Ersatzteile bestellte man direkt bei Alfred Hahn, dem Ansprechpartner der Sportfahrer im Werk, und man konnte sicher sein, sie nach ein paar Tagen mit einem äußerst großzügigen Sportrabatt frei Haus geliefert zu bekommen. Übers Jahr gab es erfolgsabhängige Prämien im »Hercules«-Sportpokal. Für eine Goldmedaille gab es 30 D-Mark, so dass das Nenngeld damit abgedeckt war. Und für die Pokalsieger gab es am Jahresende wertvolle Sachpreise oder Geldprämien bis hin zu einer 250-Kubik-Geländemaschine für den Punktbesten. Wenn dann noch Schorsch Kohler, der populäre Sportbetreuer, den ein- oder anderen »Geheimtipp« verriet, durften sich auch die Privatfahrer wie kleine Werksfahrer fühlen.

Die »Liebe« zwischen den Privatiers und »Hercules« wurde erst mit Markteinführung der im Vorfeld hochgelobten Siebengang-Reihe getrübt. Die 125er war schwer wie eine 350er, obwohl das Leergewicht im Vergleich zur wesentlich handlicheren 97 Kilo schweren Vorjahresmaschine mit nur 95 Kilo mehr als optimistisch angegeben war. Kein Wunder, hatten alle Modelle von der 125er bis zur 350er doch das gleiche Fahrgestell und unterschieden sich im Prinzip nur bei Bohrung und Hub. Dazu waren Rahmenbrüche bei den ersten ausgelieferten Modellen keine Seltenheit und der 125-Kubik-Motor hatte die Charakteristik einer 50er Rennmaschine. Verwertbare Leistung gab es nur bei Vollgas. Die in vielen Punkten überarbeiteten 1977er Modelle ließen aber bis zum Sommer auf sich warten, weil die Lager noch mit unverkauften 76er Modellen voll waren. Viele wandten sich enttäuscht von den Franken ab, zumal es bei »KTM« mit den »GS 6-Modellen« aktuelle Technik »Ready to Race« zu kaufen gab, wenn auch dieses Firmenmotto erst aus einer jüngeren Zeit stammt.

◀ *Für die vielen Privatfahrer war der Geländesport ein erschwingliches Hobby zwischen Spaß und Sport, besonders dann, wenn sie eine »Hercules« fuhren. Das Bild entstand 1976 bei der »Ulfenbachtalfahrt« im Odenwald*

(Foto: Leo Keller)

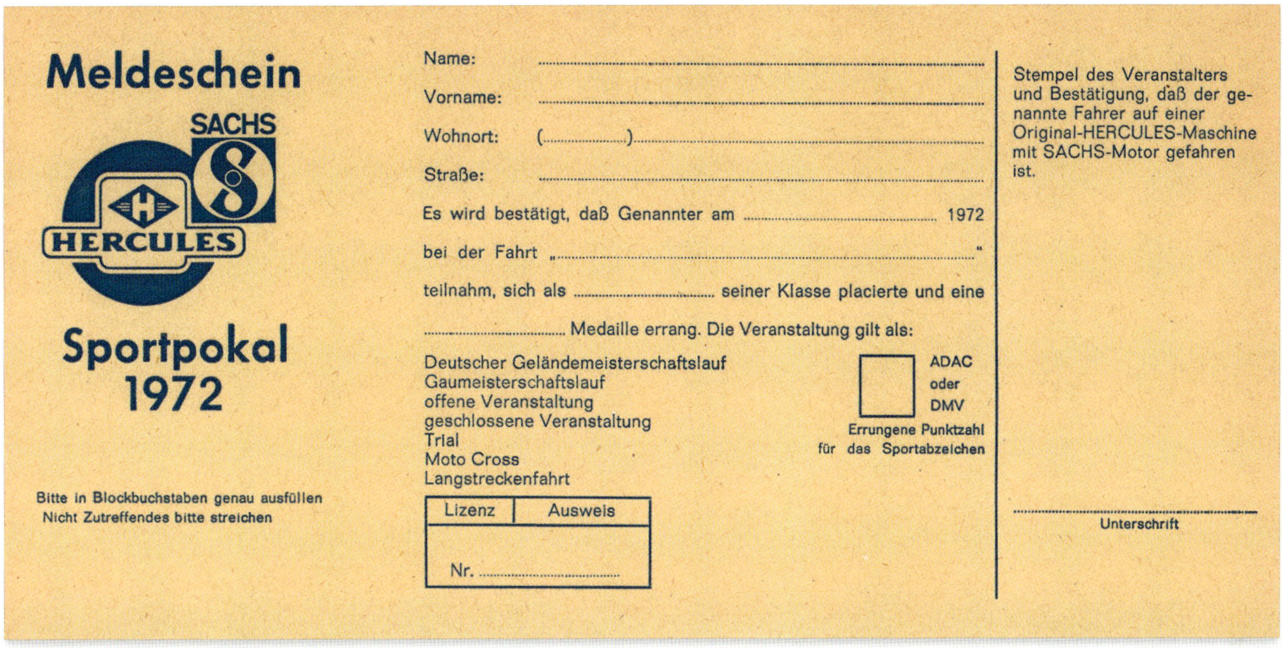

Meldeschein

SACHS HERCULES

Sportpokal 1972

Bitte in Blockbuchstaben genau ausfüllen
Nicht Zutreffendes bitte streichen

Name: ....

Vorname: ....

Wohnort: (..........) ....

Straße: ....

Es wird bestätigt, daß Genannter am 1972

bei der Fahrt „....................“

teilnahm, sich als .... seiner Klasse placierte und eine

.... Medaille errang. Die Veranstaltung gilt als:

Deutscher Geländemeisterschaftslauf
Gaumeisterschaftslauf
offene Veranstaltung
geschlossene Veranstaltung
Trial
Moto Cross
Langstreckenfahrt

ADAC oder DMV

Errungene Punktzahl für das Sportabzeichen

Lizenz	Ausweis
Nr.	

Stempel des Veranstalters und Bestätigung, daß der genannte Fahrer auf einer Original-HERCULES-Maschine mit SACHS-Motor gefahren ist.

....
Unterschrift

▲ *Bares Geld wert war der Meldeschein für den »Hercules-Sportpokal«. Je nach Veranstaltung bekam man für eine Goldmedaille zwischen 30 und 100 D-Mark.*

Der »Dreitakter« – die Wankel-GS

Ein besonderes Kapitel gebührt dem wohl exotischstem Motorrad, das je im Geländesport eingesetzt wurde – der »Hercules« Wankel-GS, scherzhaft auch »Dreitakter« genannt. Weder vor- noch nachher hat sich ein Hersteller mit einer derart einzigartigen Konstruktion ins Gelände gewagt. Nur kurz war die Wankel-Episode: vom ersten Start des privaten Umbaus einer gebläsegekühlten W 2000-Straßenmaschine, Spitzname «Staubsauger», bis zur letzten Zieldurchfahrt der Werksmaschine vergingen nicht einmal 4 Jahre.

Joachim Schlechte, Audi NSU-Händler aus Garbsen bei Hannover und begeisterter Geländefahrer, baute im Winter 1973/74 eine der W 2000-Vorserienmaschinen für den Geländeeinsatz um, die überwiegend in der Norddeutschen Geländemeisterschaft eingesetzt wurde. Anfangs beschränkten sich die Änderungen im Wesentlichen noch auf den Einbau eines 21"-Vorderrades, einen schmalen Alu-Tank und Geländebereifung, aber von Veranstaltung zu Veranstaltung wurden weitere Modifikationen vorgenommen. Insbesondere war die ursprünglich noch vorhandene Gebläsekühlung eine Schwachstelle. Einerseits überhitzten die Motoren sehr schnell, andererseits konnte auch ein riesiger Deckel vor dem Lufteinlass nicht verhindern, dass sich der Lüfter mit Schlamm zusetzte. So demontierte man kurzerhand den Ventilator und bekam die Hitzeentwicklung mit 1:10-Zweitaktgemisch in den Griff. Durch diese Änderung gewann die Maschine auch optisch, der Motor wirkte nun geradezu zierlich. Ungewöhnlich war auch das Motorengeräusch – weder Zwei- noch Viertakt –, so dass die Maschine schnell den Spitznamen »Dreitakter« weghatte, nicht zuletzt auch in Anlehnung an die dreieckige Kolbenform des Wankelmotors.

Für die Schlechte-Wankel mit einem Kammervolumen von 294 cm³ gab es bei nationalen Geländeveranstaltungen anfangs noch eine Übergangsregelung, so dass die Drehkolbenmaschine in die 350er Klasse eingestuft wurde, was von der Leistung her auch einigermaßen passte. Im internationalen Bereich legte das Reglement für Wankel-Motoren aber das zweifache Kammervolumen zugrunde. Die Wankel wurde damit als »quasi 600er« in die Klasse »über 500 Kubik«

▲ *Eine der ersten Wankel-Umbauten von Joachim Schlechte, noch mit gebläsegekühltem Motor. Bis auf die Telegabel und dem Vorderrad entspricht die GS der gelben Vorserienmaschine von 1973.* (Foto: Rudolf Schröder)

▲ *Die »Schlechte-Wankel« von 1975 entsprach optisch der konventionellen »Hercules GS«. Anstelle des Kühlgebläses gab es nun einen massiven Schutzbügel.* (Foto: Archiv Heiner Brinkmann)

▲ *Bis etwa 1977 wurde diese Schlechte-Wankel von Günter Gritzka gefahren. Auffallend, wie zierlich der Motor ohne das Kühlgebläse wirkt.* (Foto: Rudolf Schröder)

verbannt, wo sie leistungsmäßig hoffnungslos unterlegen war.

Natürlich hatte man sowohl beim Motorenhersteller Fichtel & Sachs in Schweinfurt als auch bei den Nürnberger »Hercules«-Werken erkannt, dass nur Sporterfolge die etwas lahmenden Verkaufszahlen der W 2000-Straßenmaschine ankurbeln konnten und so entstanden im Winter 1974/75 bei »Hercules« eigene Wankel-Geländemaschinen, in die Joachim Schlechtes Erfahrungen mit einflossen. Beim Höhepunkt der Saison, den 50. »Six Days« auf der Insel Man, startete eine international besetzte Mannschaft auf Wankel-Motorrädern. Neben dem damals immerhin schon 43-jährigen Fritz Witzel fuhren der Italiener Ivan Saravesi und der Geschäftsführer von »Hercules« USA, Doug Wilford, die sehr professionell hergerichteten Maschinen.

Während die bundesdeutsche Trophy-Mannschaft auf Zündapp-Maschinen einem ungefährdeten Sieg entgegenfuhr, stand der Wankel-Einsatz unter keinem guten Stern. Wilford stürzte am 3. Tag schwer und brach sich dabei mehrere Rippen. Zwar startete er auf Druck der Mannschaftsführung am nächsten Tag noch einmal, die Schmerzen waren aber so stark, dass er aufgeben musste. Fritz Witzel kämpfte mit der übergewichtigen und unhandlichen Maschine bis zur Erschöpfung und Saravesi verpasste eine Durchfahrtskontrolle und schied aus. So standen die drei Wankel-Maschinen völlig intakt auf dem Parkplatz, ohne eine der begehrten Medaillen erringen zu können.

Obwohl die Maschinen prinzipiell ihre Zuverlässigkeit bewiesen hatten, wurden sie danach nicht mehr eingesetzt. Zwar waren sie ausgesprochen seriennah, aber das sehr hohe Gewicht von fast 150 kg im Sechstage-Trim, vollgetankt mit Werkzeug, Ersatzkette und Reserveschläuchen und die ungünstige Gewichtsverteilung machten die Wankel gegen-

▲ *Vier für den Geländesport präparierte Wankel-Motoren vom Typ »KC 29«, die 1975 zum Einsatz kamen. Zum Vergleich steht im Hintergrund eine »Hercules W 2000«.* (Foto: Archiv Heiner Brinkmann)

▲ *Eine Wankel-GS, die 1975 vom Italiener Ivan Saravesi eingesetzt wurde, war am »DKW«-Logo auf dem Tank erkennbar.*

▲ *Schon in den 1950er Jahren war Urgestein Fritz Witzel auf »Hercules« erfolgreich. Das Foto zeigt ihn bei der »Schweren Badischen Geländefahrt« in Mauer 1975. Diese Maschine wird heute von seinem Sohn bei Klassik-Geländefahrten eingesetzt.*

▲ *Der Amerikaner Doug Wilford gehörte 1975 neben Fritz Witzel und Ivan Saravesi zum internationalen Wankel-Team bei der Sechstagefahrt auf der Insel Man. Wilford stürzte am 3. Tag schwer und brach sich mehrere Rippen, startete am nächsten Morgen wieder (s. Foto), musste aber aufgeben. Auch Witzel und Saravesi schafften es nicht ins Ziel.* (Foto: Wilford privat)

▲ *Die Wankel-Maschinen mit dem liegenden Motor wurden nach 1975 nicht mehr eingesetzt. Die im Foto gezeigte Wankel-GS steht im Nürnberger Museum für Industriekultur.* (Foto: Leo Keller)

▲ *Der Presse wurde diese glattflächige Studie eines Wankel-Motors auf dem Gehäuse der Sportmotoren präsentiert, so wie es für einen Einsatz auch in Straßenmotorrädern gedacht war. Dazu ist es allerdings nie gekommen.* (Foto: Archiv Heiner Brinkmann)

über einem leichten Zweitakter mit knapp über 500 cm³ chancenlos.

Eigentlich mehr durch Zufall war im Schweinfurter Versuch ein Wankel-Motor entstanden, der sowohl optisch als auch technisch besser zu der neuen 7-Gang-Sportmotoren-Reihe passte, mit der in der 76er Saison der Befreiungsschlag für »Hercules« geplant war. Hermann Popp, damals einer der verantwortlichen Männer im Motorenversuch und später Sachs-Sportleiter, erinnert sich: »In einem Regal lag eine Wankel-Trochoide (das Gehäuse, in dem sich der Kolben dreht) auf einem defekten 7-Gang-Kurbelgehäuse. Das brachte uns auf die Idee, den Hubkolbenzylinder durch eine Trochoide zu ersetzen«. Innerhalb weniger Tage wurde eine neue Lagerung mit Kegeltrieb entworfen und der Wankel-Motor auf das Sportmotorengehäuse verpflanzt. Popp dazu: »Von der Idee bis zum laufenden Motor brauchten wir nur etwas mehr als eine Woche!«

Für das Projekt sicherte man sich die Mithilfe von Altmeister Herbert Schek, der Anfang der 1970er Jahre die übergewichtige 750er BMW geländetauglich gemacht hatte und sowohl ein exzellenter Techniker als auch ein guter Fahrer war. Kurt Fischer, damals Scheks Werkstattmeister, fuhr die zweite Wankel.

Der neue Motor, intern »KC 31« genannt und anfangs wie die W 2000 noch ohne sichtbare Kühlrippen, wurde in ein fast serienmäßiges »Hercules«-GS-Fahrgestell eingebaut, das man versuchsweise bei regionalen Geländefahrten einsetzte. Radstand und Gewicht entsprachen jetzt eher einer konventionellen Geländemaschine, lediglich der Schwerpunkt lag

▲ *Ein Wankel-Motor vom Typ »KC 31« in einem »Hercules«-Geländefahrgestell. Das rechts herausstehende Auspuffrohr war sicherlich nicht optimal, ebenso die auf der gegenüberliegenden Seite befindliche Zündkerze. Zumindest der Vergaser befand sich sturzgeschützt hinter dem »Zylinder«.* (Foto: Rudolf Schröder)

▲ *Wankelkolben, Exzenterwelle und Winkeltrieb im Vergleich zu einer konventionellen 250-Kubik-Kurbelwelle des Siebengang-Sachs-Motors.* (Foto: Leo Keller)

▲ *Dieses Bild zeigt den konzeptionellen Aufbau des »KC 31«-Motors. Der dreieckige Kolben rotiert um die Exzenterwelle in der Trochoide. Das zündfähige Gemisch gelangt vom Vergaser über den im Foto entfernten Deckel, »vorderes Seitenteil« genannt, in die Kammer zwischen Kolben und Trochoide.* (Foto: Leo Keller)

bedingt durch den Wegfall der Kurbelwelle und den schweren Wankel-Kolben deutlich höher. Mangels Fahrtwindkühlung oder Gebläse kam es an den Kontrollstellen zu ungewöhnlichen Szenen: Betreuer schütteten eimerweise kaltes Wasser über das Aggregat, das in heißem Zustand rapide an Leistung verlor.

Obwohl der neue Wankel-Motor sowohl optisch als auch akustisch einen ausgereiften Eindruck machte, konnte man an Details erkennen, dass es sich gegenüber dem bis auf das fehlende Kühlgebläse seriennahen Vorjahresmotor vom Typ »KC 29« um ein handgeschnitztes Versuchsexemplar handelte. Ein Zylinderkopf einer Zweitakt-250er war auf eine Aluplatte geschweißt, die als oberer Deckel der Trochoide diente. Das in kaltem Zustand bärige Drehmoment zerriss regelrecht die Speichen im Hinterrad, Abhilfe versuchte man durch eine für Geländemaschine sehr lange Übersetzung und fünf Millimeter dicke Speichen im Hinterrad zu schaffen.

Kurt Fischer erinnert sich: »Magura hat uns einen speziellen Gasgriff mit extrem langem Weg gebaut, damit die Maschine nicht schon beim kleinsten Dreh das Vorderrad lupfte. Und immer wenn der Leerlauf unruhig wurde, war Abschmieren angesagt. Betreuer Werner Weck gab uns dann an den Zeitkontrollen eine Fettpresse, damit wir das Exzenterlager schmieren konnten«.

Fischer war der einzige Fahrer, dem es je gelang, eine Wankel-GS bei einer Sechstagefahrt ins Ziel zu bringen: 1976 bei

▲ *Nur ein einziges Mal beendete eine Wankel-Maschine eine Sechstagefahrt. Kurt Fischer gewann 1976 in Zeltweg/Österreich eine Goldmedaille.* (Foto: Kurt Fischer privat)

▲ *Im Winter 1976/1977 erhielt der Wankel-Motor eine neue Verrippung, dazu wurde das vordere Exzenterlager gekapselt und hatte nun eine Dauerschmierung, bisher eine der Schwachstellen des Motors. Das Bild zeigt die Fischer-Wankel bei einem der letzten Einsätze im Sommer 1977.* (Foto: Kurt Fischer privat).

▲ *Adieu Wankel! Im Sommer 2017 startete Kurt Fischer mit seiner Wankel noch einmal bei der Klassik-Geländefahrt in Mühlen in der Steiermark. Die Veranstaltung führte teilweise über die Strecken der Sechstagefahrt 1976, sicher ein standesgemäßer Abschied für das exotische Motorrad.* (Foto: Leo Keller)

den Six Days am heutigen »Red Bull-Ring« in der Steiermark. Die Weiterentwicklung des Wankel-GS-Motors erfolgte überwiegend in der Werkstatt von Schek und Fischer. Versuchsweise experimentierten die Allgäuer mit einem wassergekühlten Trochoidengehäuse der Langstreckenrennmaschine. Als Kühler diente der Wärmetauscher eines Renault-PKW, der steinschlaggeschützt hinter dem »Zylinder« platziert war. Aber die extreme Hitzeentwicklung des Motors brachte das Lot zum Schmelzen, so dass das Kühlwasser auslief und den Fahrer in eine riesige Wasserdampfwolke einhüllte.

Zu einem Einsatz bei der Sechstagefahrt 1977 in der ČSSR kam es aber nicht mehr, weil Sachs sein Wankel-Engagement einstellte und die Werksmaschinen nicht mehr eingesetzt wurden. Lediglich Joachim Schlechtes private Maschinen waren noch bis Ende der 1970er Jahre überwiegend in Norddeutschland bei Geländefahrten am Start.

Die käuflichen Sportmaschinen von »Hercules«

»Hercules« gehört zu den wenigen Marken, die auch in der großen Krise Ende der 1950er Jahre dem Motorrad die Treue gehalten haben und mit der handgeschalteten »K 100« sogar ein neues Modell auf den Markt brachten, als niemand mehr an die Zukunft des Motorrads glaubte. Dies galt genauso für den Geländesport, wo die Franken seit dem ersten Jahr der Deutschen Geländemeisterschaft mit Werksfahrern dabei waren. Auch die Unterstützung für den Breitensport in jener Zeit kann nicht hoch genug gewürdigt werden. »Hercules« hat viel zur Popularität des Geländesports beigetragen, in dem sie einen preiswerten Umbausatz für die »K 100« anboten, der die Hunderter mit überschaubarem Aufwand in eine Wettbewerbsmaschine verwandelte, ohne allerdings die Alltagstauglichkeit einzuschränken.

▲ *Die neue »K 101« war von Beginn an neben der Straßenmaschine auch in einer Geländeausführung erhältlich. Etwa 8 PS leistete die etwa 100 Kilo schwere Hunderter 1959.*

▲ *Ein preiswerter Umbausatz machte aus der serienmäßigen »K 100« eine Geländemaschine. Neben einem breiten Lenker gehörte ein hochgezogener Auspuff und eine andere Rücklichthalterung dazu.*

▲ *14 PS stark und etwa 125 Kilo schwer war die »K 175 GS« von 1961. Das Fahrgestell war recht seriennah, allerdings wurde die stabile Telegabel der »Triumph Boss 250« eingebaut. Bemerkenswert sind die doppelt verlegten Bowdenzüge, die schnell gewechselt werden konnten.*

Das Nachfolgemodell von 1959, die fußgeschaltete »K 101«, wurde von Anfang an sogar in einer wettbewerbsfähigen Ausführung, der »K 101 GS«, ausgeliefert, übrigens sogar zeitgleich mit dem Anlauf der Straßenversion, von der sich die GS neben einem breiten Geländelenker durch eine längere Vorderschwinge, einen hochgelegten Auspuff und schmalere Kotflügel unterschied, um nur die wichtigsten Details zu nennen. Schon seit 1956 setzte »Hercules« in der 175-Kubik-Klasse zunächst seriennahe Umbauten ein, die später auch als käufliche Geländemaschinen erhältlich waren. Motorräder mit dem »JLO-Twin«, so wie Brösamle es in der 1955er DM eingesetzt hatte, gab es aber nie zu kaufen. Zwar stellte »JLO« in Pinneberg erst Ende der 1950er Jahre die Motorenproduktion ein, aber »Hercules« gehörte zwischenzeitlich zu Fichtel & Sachs und da verbot es sich logischerweise, Motoren der Konkurrenz zu verwenden.

▲ Der Verkaufsprospekt für die GS-Modelle von 1961 betonte, dass der Dreigang-Motor der »K 101 GS« vom Werk aus »frisiert« wurde und eine Leistung von über 7 PS hat. Während die Hunderter damals 1510,- DM kostete, war die 175er für 1830,- DM zu haben, allerdings »ohne Startnummernschilder und Pressluftflasche«. Die Tanktasche aus Leder kostete damals 56,- DM.

▲ Das Bild zeigt eine Vorserienmaschine der späteren »K 103 GS«. Die Holme der Schwinggabel sind anders als bei der späteren Serie noch nach hinten gekröpft. Einige dieser Maschinen kamen schon 1962 zum Einsatz.

▲ Der legendäre »Diesel«. Die »Hercules K 176 GS« von 1964 leistete gut 14 PS bei 112 Kilo Trockengewicht. Der Zentralrohrrahmen hatte einen angeschweißten Unterzug. Die »K 176« war auch 1965 noch erhältlich.

▲ *Die »K 50 GS« war zumindest dem Namen nach eine Replica von Heinz Brinkmanns erfolgreicher 50er. Über 5 PS bei 80 Kilo Gesamtgewicht versprachen ein handliches Motorrad. Das Foto zeigt die Ausführung von 1965.*

Gleich drei unterschiedliche Geländesportmodelle bot »Hercules« seit dem Jahr 1963 an. Neben einer K 50 GS und der K 103 GS, dem Nachfolgemodell der K 101 GS, die beide über einen Zentralrohrrahmen und eine geschobene Vorderschwinge mit ölgedämpften Federbeinen verfügten, gab es auch weiterhin die K 175 GS, deren Fahrwerk noch auf der serienmäßigen K 175 mit Telegabel basierte. Das Engagement von »Hercules« zahlte sich aus – in jenen Jahren war nicht zu übersehen, dass die Mehrzahl der Geländefahrer in den Klassen bis 175 Kubik auf »Hercules« startete. Nicht nur die Erfolge der Werksfahrer wie Heinz Brinkmann oder Lenz Müller waren der eigentliche Grund dafür. »Hercules« war vielmehr der einzige deutsche Hersteller, der in gleich drei Klassen wettbewerbsfähige Geländesportmaschinen zu erschwinglichen Preisen anbot.

Neu war die K 176 GS, die 1964 die bisherige noch aus den 1950er Jahren stammende K 175 GS ablöste. Beeindruckend war der riesige Gusszylinder, der das Erscheinungsbild der K 176 GS prägte. 14 PS stark und Leistung aus dem

◀ *Jahr für Jahr legte »Hercules« eine Kleinserie von Geländemodellen auf, für die es jeweils auch Prospekte mit den wichtigsten Daten gab.*

▲ *Die »K 103 GS« von 1965 war auf Basis der »K 103 S«-Straßenmaschine entstanden, allerdings mit speziellen Anpassungen wie 21 Zoll bzw. 18 Zoll große Räder, eine stabile Geländegabel und ein hochgezogener Auspuff. Die Leistung war mit »über 8 PS« angegeben.*

▲ *Die Geländemaschinen von »Rabeneick« unterschieden sich lediglich durch die Form des Tanks von den baugleichen »Hercules«-Modellen. Während sie sogar in den USA anzutreffen waren, blieben sie in den Starterfeldern bei deutschen Geländefahrten eine Seltenheit.*

Drehzahlkeller – da wundert man sich aufgrund dieser Charakteristik nicht, dass viele Ehemalige den Motor heute noch respektvoll »Diesel« nennen. Weil dieser Motor trotz ursprünglich anderer Pläne nie in Straßenmodellen von »Hercules« eingebaut wurde und es nur bei wenigen Prototypen blieb, verschwand der »Diesel« aber bald darauf aus dem Angebot, da »Fichtel & Sachs« die Produktion mangels Nachfrage einstellte. Die K 50 GS und die K 103 GS wurden vor allen Dingen im englischsprachigen Raum als »Prior« angeboten, so wie das auch bei den Straßenmotorrädern der Fall war. Auch die Wettbewerbsmaschinen wurden somit von der »Prior Hercules Company« verkauft, was sinngemäß etwa »von der älteren Hercules-Gesellschaft« bedeutet. Sogar als »Rabeneick« waren die beiden Motorräder zu haben, gehörte doch »Rabeneick« in Bielefeld mittlerweile ebenfalls zu Fichtel & Sachs.

Für das Modelljahr 1968 wurde die K 50 GS kräftig überarbeitet. Neben einem neuen Breitwandzylinder mit Fächerkopf, der stramme 6,25 PS leistete, fiel vor allen Dingen die geänderte Vorderschwinge auf, die nun ab dem Anlenkpunkt der Gabelholme nach oben geknickt war, um die Bodenfreiheit deutlich zu erhöhen. Ende 1967 war auf der Mailänder Motorradmesse der neuentwickelte Fünfgang-Motor präsentiert worden, den es sowohl mit 125 Kubik als auch mit einer reduzierten Bohrung als 100 Kubik-Version gab. Noch vor Serienanlauf der Straßenversion »Hercules K 105« bzw. »DKW 125 TS« waren die Geländemaschinen pünktlich zur Saison

▲ *Die »K 50 GS» von 1968 war im Detail überarbeitet. Der 6,25 PS starke Sportmotor hatte nun einen »Igelkopf«, die Hinterradschwinge war nadelgelagert und der links unter dem Tank liegende Lenkungsdämpfer serienmäßig. Die GS kostete damals 1600 DM plus 10% Mehrwertsteuer. Die 8,5 PS starke »K 75 GS« unterschied sich lediglich im Hubraum von der Fünfziger.*

▲ *Das Bild zeigt die »K 100 GS« und »K 125 GS« von 1968 auf dem Fabrikhof vor der Auslieferung.*

▲ *Dieses spektakuläre Action-Foto von Norbert Gabler auf einem 1968er Modell zierte noch 1972 die Verkaufsprospekte für die Sportmodelle.*

▲ *Die »Boondocker« mit »80 cc engine« war für den amerikanischen Markt gedacht. Tatsächlich hatte sie aber nur 74 Kubik, so dass sie gelegentlich auch in Deutschland bei Geländewettbewerben anzutreffen war.*

▲ *1970 erhielten die beiden kleineren Modelle einen neuen Motor mit Alu-Breitwandzylinder, der sich rein äußerlich nicht den Motoren der «K 50»-Straßenmodelle unterschied. Das nun 6,75 leistende Aggregat hatte aber ebenso wie die 75er ein Sechsgang-Getriebe. Der tiefliegende Auspuff bewährte sich nicht.*

mit dem neuen Motor erhältlich, der bis Mitte der 1970er Jahre zu einem der erfolgreichsten Geländesporttriebwerke werden sollte, auf das auch bekannte Hersteller wie »Ancillotti«, »Gori«, »KTM«, »Monark« oder »SWM« zurückgriffen.

Obwohl «Hercules» seit 1968 nicht mehr mit Werksfahrern antrat, verstärkte man das Engagement nun auch mit Blick auf den amerikanischen Markt, dort, wo »KTM« mit seinen Penton-Maschinen damals den Grundstein dafür legte, schon seit vielen Jahren Marktführer im Offroad-Segment zu sein. Für die USA gab es eine ganze Reihe unterschiedlicher Mo-

▲ *»SYMBOL FOR QUALITY« war einer der Werbesprüche für die bis Ende der 1960er Jahre in den USA noch unter der Marke »Sachs« verkauften Offroad-Maschinen. »CHOICE OF CHAMPIONS« – die Wahl der Meister, war ein anderes Schlagwort, das damals auch von »Penton/KTM« benutzt wurde. Das Foto zeigt den mehrfachen Motocross-Weltmeister Joel Robert bei einem Rennen in den USA.*

◀ 13 PS bzw. 16 PS leistete der Motor der »K 100 GS« bzw. »K 125 GS«, der allerdings nach wie vor nur ein Fünfgang-Getriebe hatte. Der bei den kleineren Modellen nicht vorhandene Unterzug war nur angeschraubt. Nun hatte auch das Vorderrad eine Steckachse, was den Radausbau deutlich vereinfachte.

◀ Das Rahmenheck der 1971er Modelle war nun durch einen Rundbogen geschlossen, was der Stabilität diente. Neu auch die näher zusammenstehenden hinteren Stoßdämpfer. An den Leistungsdaten des Motors hatte sich nichts geändert, allerdings war die »K 75 GS« nur noch auf Bestellung lieferbar.

◣ Auch die beiden größeren Modelle »K 100/125 GS« bekamen den neuen geschlossenen Rahmen mit den eng geführten hinteren Stoßdämpfern. Während sich an den Leistungsdaten nichts änderte, wurde nun auch hier über ein Sechsgang-Getriebe geschaltet.

delle, die im Wesentlichen den Geländesportmaschinen für den deutschen Markt entsprachen, aber den amerikanischen Vorlieben entsprechend als »Boondocker«, »Enduro« oder »Cross Country«-Versionen mit und ohne Zulassung angeboten wurden, allerdings unter der Marke »Sachs«.

Konzeptionell blieben die Modelle bis 1973 unverändert, abgesehen von Modellpflegemaßnahmen wie Aluzy-

◀ Abschied vom Chromtank – ab 1972 fielen die größeren Sportmodelle durch ein knalliges »Racing-Gelb« auf. Die Vorderschwinge hatte nun ausgedient, stattdessen gab es eine 32 mm dicke Cerinai-Gabel. Die Hunderter leistete nun 14 PS, die 125er 18 PS. Die »K 50 GS«, leistete nun stramme 8 PS.

◀ 1973 erhielten nun auch die Fünfziger die Telegabel der größeren Modelle. Der Tank war nun bei allen Modellen, die ansonsten unverändert blieben, in Gummi gelagert. Das Bild zeigt eine »K 100 GS«.

◣ Nochmals ein halbes PS zugelegt hat die nun »50 GS« genannte Fünfziger von 1974. Während das Foto eine Exportausführung mit silbernem Rahmen zeigt, wurden die Deutschland-Modelle in »Racing-Gelb« mit schwarzem Rahmen ausgeliefert.

linder, Sechsgang-Getriebe oder einer Ceriani-Telegabel. Erst 1974 gab es ein komplett neues Modell mit Doppelrohrrahmen aus Chrom-Molybdän und längeren Federwegen, das nun sogar in einer 24 PS starken 175er Version angeboten wurde. Auch in Nürnberg hatte man erkennen müssen, dass man gegenüber »KTM« an Boden verloren hatte. Immerhin hatten die Österreicher ein entsprechendes Modell mit Sachs-Motor schon seit 1971 erfolgreich im Programm.

◀ *Nachdem »KTM« schon 1970 einen leichten Doppelrohrrahmen aus Chrom-Molybdänrohren verwandte, erfolgte dies bei »Hercules« erst 1974. Im Prospekt war nun neben der »100/125 GS« mit 15 bzw. 19 PS auch eine »175 GS« mit 24 PS starkem Motor aufgeführt.*

▲ *Kräftig überarbeitet wurde die GS für 1975. Die vorgesetzten Federbeine ermöglichten einen größeren Federweg, die Trommelbremsen wichen konischen Bremsnaben. Unzerbrechlich waren die Kotflügel von Preston Petty, das Beste, was es seinerzeit auf dem Markt gab.*

▲ *Verkaufsprospekt der Sportmodelle für das Jahr 1974. Das Action-Foto zeigt einen Prototyp bei einem Motocross-Rennen.*

Nur kurz war die Ära der Sechsgang-Modelle mit Doppelrohrrahmen, rückblickend für viele die harmonischsten GS-Modelle von »Hercules«. Schon 1974 war bei der Sechstagefahrt in Camerino ein Prototyp mit neuem 7-Gang-Sachs-Motor am Start und es war nur eine Frage der Zeit, wann dieses modern konzipierte Aggregat mit horizontal geteiltem Gehäuse und einem im Gelände nicht zu unterschätzenden Primärkickstarter, bei dem das Motorrad auch mit eingelegtem Gang angekickt werden konnte, auf den Markt kommen würde. 1975 tauchten seriennahe Prototypen bei zahlreichen Geländefahr-

▲ *1976 erfolgte die Markteinführung der neuen Siebengang-Modelle, die sich nur in Details unterschieden. Die 22 PS starke »125 GS« und die »175 GS« mit 26 PS hatten 140 mm große Bremsen, die beiden größeren Modelle mit 32 bzw. 34 PS deren 160 Millimeter. In Deutschland wurden die Motorräder zulassungskonform nur mit 17 PS (125 und 175er) bzw. 26 PS (250 und 350er) ausgeliefert.*

▲ *Komplett überarbeitet wurden die 1977er Modelle. Ein weniger bruchanfälliger Rahmen, längere Federwege und insbesondere bei der 125er eine überarbeitete Motorcharakteristik konnten das Ruder aber nicht mehr herumreißen. Da halfen auch die Erfolge der Werksfahrer nicht, die ohnehin auf speziellen Werksmaschinen antraten. Das Bild zeigt eine »250 GS« in Exportausführung.*

ten in Deutschland auf und für die Saison 1976 wurde die Markteinführung der Modellreihe von 125 Kubik bis 350 Kubik angekündigt.

Die 350er war im Grunde genommen nur eine auf 255 Kubik aufgebohrte 250er, mit der man in der nächstgrößeren 350er Klasse starten konnte. Wer eine der beiden größeren Versionen haben wollte, musste sich allerdings gedulden, er wurde auf den Sommer vertröstet, während die beiden kleineren Versionen mit 125 und 175 Kubik pünktlich zum Saisonstart im Frühjahr erhältlich waren. Hatte die Motocross-Ausführung der Vorgängerserie zumindest ein speziell abgestuftes Motocross-Getriebe, so waren die neuen 7-Gang-Modelle ebenfalls als 125 MC bzw. 250 MC erhältlich. Sie unterschieden sich aber abgesehen von der fehlenden Beleuchtung und einen kleineren Schalldämpfer nicht von den zulassungsfähigen Geländesportmodellen.

Die Motoren waren auf Spitzenleistung ausgelegt, was natürlich das Drehzahlband deutlich negativ beeinträchtigte. Die ersten Versionen der 125er konnten praktisch nur mit Vollgas gefahren werden und manche Kritiker meinten damals, selbst das 7-Gang-Getriebe hätte mindestens zwei Gänge zu wenig. Wie auch immer, schon im Verlaufe der ersten Saison flossen Änderungen in die Serie ein. Geänderte Spülschlitze sollten den Drehmomentverlauf im unteren Bereich verbessern, der Auslass wurde geändert und die Kühlrippen vergrößert. Einen anders abgestimmten Zylinder mit passendem Auspuff gab es erst für das 1977er Modell serienmäßig.

▲ *Bis auf den »Sachs-Aufkleber« auf dem Tank wurden die Vorjahresmodelle auch 1978 unverändert verkauft. Das Bild zeigt eine »Sachs 250 GS« in Deutschlandausführung mit Ochsenaugen-Blinkern und großem Scheinwerfer.*

◀ *Natürlich wurde in Italien im Verkaufsprospekt von 1979 kräftig mit den beiden Europameisterschaften von Gino Perego und Franco Gualdi geworben, den einzigen internationalen Titeln für die Nürnberger.*

▼ *Ein richtig heißes Teil war die »50 GS Perego-Replica«, die nach Gewinn der Europameisterschaft durch Gino Perego in Italien entstand. Die 14 PS starke und nur 81 Kilo schwere Fünfziger wurde vom sportlich engagierten »Hercules«-Händler Ernst Brehm aus Roßdorf nach Deutschland importiert. Ab 1981 gab es auch einige Exemplare mit 80-Kubik-Motor.*

▲ *Keine Veränderungen gab es auch an den Modellen für 1979, einmal abgesehen von der blauen Lackierung, die an die erfolgreichen Werksmaschinen erinnern sollten. Die Produktion war zu diesem Zeitpunkt bereits eingestellt worden und die letzten Maschinen sollten mit einer frischen Lackierung noch an den Mann gebracht werden.*

Deutlich harmonischer zu fahren waren die größeren Modelle, aber die Charakteristik des 125ers hatte die Vorschusslorbeeren für die neuen Motoren relativiert. Dies war, wie an anderer Stelle bereits beschrieben, auch der Grund dafür, dass »Hercules« Heinrich Wieditz engagierte, der noch Ende 1976 neue Zylinder und neue Fahrgestelle baute, allerdings nur für die Werksfahrer. Noch bis 1979 wurden 7-Gang-Geländemaschinen angeboten, die allerdings abgesehen von der blauen statt roten Lackierung technischer Stand 1977 waren.

Keine »echte« »Hercules« war die »Sachs GS 50 Perego Replica«, die nach dem Gewinn der Europameisterschaft durch Gino Perego ab 1979 angeboten wurde. Gebaut wurde die »Perego Replica« beim italienischen Sachs-Importeur in Mailand, in Deutschland wurde die neben einer Geländesportvariante auch als »50 MC« erhältliche Replica exklusiv von Ernst Brehm vertrieben, einem engagierten »Hercules«-Händler aus Roßdorf bei Darmstadt. Stramme 14 PS leistete die nur 79 Kilo wiegende 50er, was einer Literleistung von 280 PS/Liter entspricht.

Die Geländemaschinen der »Zweirad Union«

Bereits Anfang der 1960er Jahre stieg die »Zweirad Union« mit den noch seriennahen 50ern in den Geländesport ein. Natürlich ist klar, dass sich in schwerem Gelände die Gebläsekühlung mit Schlamm zusetzt, so dass die Lüfterhaube bald fahrtwindgekühlten Zylindern wich. Zunächst blieb aber der Rahmen aus Blechpressteilen, so wie er später auch für das Kleinkraftrad »Typ 166« verwendet wurde, auch für die Werksfahrer. Ab 1964 erhielten die Werksmaschinen einen Doppelrohrrahmen, für die Privatfahrer war weiterhin die Ausführung mit dem Blechrahmen erhältlich, allerdings ausschließlich mit

▲ *Die einzige für Privatkunden käufliche »Zweirad Union«-Geländemaschine entstand auf Basis der 50-Kubik-Kleinkrafträder vom »Typ 166«, die in Deutschland als »Victoria«, im Ausland als »DKW« verkauft wurden.*

▲ *Eine fast identische Maschine, allerdings mit Telegabel statt Schwinge, hieß »Boondocker«. Der wesentliche Unterschied zur »K 125 GS« war die Telegabel der Marke »Betor«, während die Wettbewerbsmaschinen für Europa eine »Ceriani«-Gabel mit 32 Millimeter Durchmesser hatten. Der zweiteilige Sportauspuff brachte dazu eine kleine Leistungssteigerung.*

▲ *Anfang der 1970er Jahre trugen die bisher als »Sachs« in die USA exportierten Modelle das »DKW«-Emblem auf dem Tank. Im Baukastensystem gab es eine Vielzahl unterschiedlicher Modelle, die aber alle im Wesentlichen auf der »Hercules K 125 GS« von 1972 basierten. Das Bild zeigt eine »DKW Enduro« mit Vorderschwinge.*

▲ *Bis 1973 importierte Enea Rossi »Hercules«-Motorräder nach Italien. Ab 1973 übernahm »Playmotor« aus Bergamo den Import und die Motorräder wurden nun als »DKW« angeboten. Das Bild zeigt eine »GS 50« von 1973, das von Rossi importierte Motorrad unterschied sich nur durch den Tankaufkleber und hieß »Hercules K 50 GS«.*

50 Kubik. Nach der Übernahme der »Zweirad Union« durch Fichtel & Sachs gab es nur noch bis 1967 Werksmaschinen, die Kleinserienfertigung für die Privatfahrer wurde eingestellt.

Erst Anfang der 1970er Jahre gab es wieder käufliche »Zweirad Union«-Geländemaschinen, allerdings überwiegend für den amerikanischen und italienischen Markt. »Hercules« konnte bekanntlich aus markenrechtlichen Gründen nicht unter eigenem Namen in die englischsprachigen Länder exportieren, was der Grund dafür war, dass die US-Exportmodelle wie »Boondocker«, »Cross Country« oder »Enduro« zunächst unter dem Markennamen »Sachs« in Amerika verkauft wurden. Dann besann man sich jedoch darauf, dass »DKW« weltweit immer noch einen hervorragenden Ruf hatte, den man nutzen wollte und exportierte die US-Modelle als »DKW«. Im Wesentlichen gab es zwei Modellreihen – die zulassungsfähige Enduro und die Motocross-Maschine für abgesperrte Pisten. Technisch entsprachen die Modelle der »Hercules K 125 GS« von 1972 und waren sowohl mit einer Vorderschwinge als »Enduro« bzw. »MC 125« als auch mit einer Telegabel als zulassungsfähige »Boondocker« bzw. als Motocross-Variante »Hornet« erhältlich. Die früheren Sachs-Versionen Cross Country, Scrambler oder Trailbike wurden nicht mehr angeboten.

Die »DKW«-Episode in den USA währte allerdings nur kurz, denn ab 1974 bis zur Einstellung des USA-Geschäfts im Jahr 1977 konnte man auch dort nun den Namen »Her-

▲ *Abgesehen vom zweiteiligen Sportauspuff und einem anderen Rücklicht war die »GS 100« mit der deutschen »Hercules« identisch.*

▲ *Obwohl die Sportmodelle mit dem Zentralrohrrahmen nicht schlecht waren, wurde »Hercules« durch »KTM« in Zugzwang gebracht, ein modernes Fahrgestell mit Doppelrohrrahmen anzubieten. Während die Österreicher ihr Modell mit Chrom-Molybdän-Rahmen schon 1971 auf den Markt brachten, dauerte es bei den Nürnbergern noch bis 1974. Das Bild zeigt eine »DKW GS 100«.*

▲ *Viel Feinschliff im Detail tat dem 1975er Modell gut, das viele noch heute für die beste »GS« aus Nürnberg halten. Eine andere »Ceriani«-Gabel mit 35 mm Durchmesser und auf der Schwinge nach vorne gerückte Federbeine von »Marzocchi« sorgten für mehr Federweg, dazu kamen Konusnaben und unzerbrechliche »Preston Petty«-Kotflügel. Die GS gab es mit 100, 125 und 175 Kubik.*

▲ *Speziell für Italien gab es diese »GS 125« komplett in Weiß, vom Rahmen über den Tank bis hin zu den Seitenverkleidungen, sicherlich eine ungewöhnliche Farbe für ein Offroad-Motorrad. Neben dieser Sonderlackierung war aber ebenfalls ein blauer Tank und silberner Rahmen beim 1976er Modell erhältlich, während die 175er orange, die 250er und 350er rot waren.*

▲ *Das letzte Geländesportmotorrad der »Zweirad Union« war eine 250er, die 1977 gebaut wurde. Ab 1978 starteten alle Sportmodelle von »DKW« und »Hercules« einheitlich mit einem »Sachs«-Schriftzug auf dem Tank, was aus Marketingerwägungen sicher sinnvoller war, als sich gegenseitig Konkurrenz zu machen.*

cules« nutzen. In Italien wurden die GS-Modelle bis 1973 vom damaligen Fichtel & Sachs-Importeur Enea Rossi als »Hercules« vertrieben, ab 1973 übernahm dann »Playmotor« aus der Geländesporthochburg Bergamo den Import, allerdings nun unter dem Markenzeichen »DKW«. Die Playmotor-Maschinen entsprachen bis auf den DKW-Schriftzug technisch den baugleichen »Hercules«-Geländemaschinen für den deutschen Markt. 1978 verschwand das »DKW«-Logo wie bereits bei den Werksmaschinen auch von den Tanks der Produktionsmaschinen, weil alle Wettbewerbsmaschinen nun einheitlich unter der Marke »Sachs« vermarktet wurden.

Die Motocross-Maschinen

Im Vergleich zum Geländesport ist Motocross noch eine relativ junge Sportart, die erst nach dem Zweiten Weltkrieg zunächst in Europa populär wurde, wo mit schweren Viertaktmotorrädern auf Naturpisten Rennen ausgetragen wurden, während der Geländesport eher mit einer Rallye vergleichbar ist, wo in anspruchsvollem Gelände Zeitvorgaben einzuhalten sind. In Belgien war Motocross sogar viele Jahre lang eine Art Nationalsport, kein Wunder also, dass zahlreiche erfolgreiche Motocrosser aus dem Land der Flamen und Wallonen stammen.

Während die Halbliterklasse schon seit 1957 Weltmeisterstatus hatte und fünf Jahre später die 250-Kubik-Klasse hinzu kam, erhielten die 125er erst 1975 Weltmeisterstatus. Allerdings gab es seit etwa 1970 auch auf nationaler Ebene Motocross-Rennen, bei denen auch 125-Kubik-Maschinen starten durften. Logischerweise mussten dafür zunächst einmal Geländesportmaschinen herhalten, die für diesen Einsatzzweck gut geeignet waren. Aber schon bald boten Hersteller wie »Hercules«, »KTM«, »Maico« oder »Zündapp« spezielle Motocross-Renner an, denen die Verwandtschaft zu den GS-Typen aber immer noch deutlich anzusehen war.

Während sich die meisten Modelle nur durch fehlende Beleuchtung und einen Auspuff ohne Schalldämpfer von den zulassungsfähigen Pendants unterschieden, ging »Hercules« die

▶ *Für den amerikanischen Markt wurde diese »Sachs K 80 GS« als Scrambler-Enduro angeboten. Dabei handelte es sich im Grunde genommen um eine 75-Kubik-Geländemaschine, allerdings ohne Beleuchtung. Zielgruppe waren die zahlreichen Hobbyfahrer in den USA. Bemerkenswert ist, dass der Verkaufsprospekt von 1967 als Hersteller die »Prior Hercules Corporation« ausweist.*

Sache konsequenter an. Schon 1971 unterschied sich die MC 125 von der entsprechenden GS durch eine Ceriani-Telegabel statt Schwinggabel, einer verlängerten Hinterradschwinge und einem speziellen eng abgestuften Fünfgang-Getriebe mit langem ersten Gang. So wie auch die späteren Versionen mit Doppelrohrrahmen oder Siebengang-Motoren waren die Maschinen eher im Hobbysport zu finden, während Konkurrent Zündapp sich mit Werksmaschinen auch auf internationaler Ebene engagierte. Die US-Versionen wie MC 125 und »Hornet« waren ebenfalls eher für den Hobbybereich gedacht.

Erst Mitte der 1970er Jahre gelangte man bei »Hercules« zur Erkenntnis, dass Motocross wesentlich publikumsträchtiger war als der Geländesport, der ja im Wesentlichen abseits der Öffentlichkeit ausgetragen wurde, und es reifte der Entschluss, mit einer 250er, die auf Basis des neuen Siebengang-Motors entstehen sollte, mit Werksfahrern in den Rennsport einzusteigen, und zwar gleich in die höchste Klasse – die Motocross-Weltmeisterschaft. Damals gab es zwar schon seit etwa zwei Jahrzehnten keine 250er mehr im Programm, einmal von der Geländemaschine abgesehen, aber die Mar-

▼ *Mit steigender Popularität des Moto Cross-Sports in Deutschland bot »Hercules« 1971 erstmals ein eigenes Modell für engagierte Hobby-Piloten an, die »MC 125«. Von der »K 125 GS« unterschied sie sich durch eine Ceriani-Telegabel, eine längere Hinterradschwinge und einen stärkeren Motor mit speziell abgestuftem Fünfgang-Getriebe und langem ersten Gang.*

▲ *Ebenfalls ohne Straßenzulassung war die »Cross Country« mit 125-Kubik-Motor für die USA gedacht. Wenn auch auf dem Tank das »Hercules«-Emblem zu sehen ist, gab es die »Cross Country« in Amerika 1970 nur als »Sachs«. Die Werbung des Importeurs aus Santa Monica/Kalifornien, nämlich »Dirt Ready«, bedeutet salopp ausgedrückt etwa »aus der Kiste auf die Piste«.*

ketingabteilung ging davon aus, dass sich die 16-jährigen mit den Erfolgen der Marke identifizierten, unabhängig davon, ob sie selbst nur eine Fünfziger fahren durften. Dabei hatte man gleich auch den US-Markt im Visier, wohin vier Prototypen geschickt wurden. Frank Stacy wurde mit einem dieser noch als »Hercules 250 MX« in den Programmlisten stehenden Motorrädern 1977 Achter in der Trans AMA-Serie (AMA: American Motorcyclist Association). In die USA gingen im gleichen Jahr auch mehrere Modelle der sogenannten »Null-Serie«, davon eines mit 200 Kubik, nun aber schon mit dem »Sachs«-

▲ *Die Offroad-Modelle für die USA wurden ab 1972 als »DKW« verkauft. Ähnlich wie bei den zulassungsfähigen Enduros mit Beleuchtung und Tacho gab es auch hier zwei Varianten: die »MC 125« mit Vorderschwinge und die »Hornet« mit Telegabel. Ansonsten entsprachen die Motorräder im Prinzip der in Deutschland verkauften »Hercules K 125 GS«.*

◀ *Wenig Änderung gab es bis 1973 an der »MC 125«. Der Tank war nun in Gummi gelagert. Während die »Hercules« einen racinggelben Tank hatte, war dieser bei den in Italien verkauften »Playmotor DKW« adriablau, so wie das auch bei den Geländemaschinen der Fall war.*

Schriftzug auf dem Tank. Der kleinere Hubraum war der damaligen amerikanischen Klasseneinteilung geschuldet, ansonsten war die 200er und die 250er absolut identisch. Letztendlich dürften später aber nur eine Handvoll 250er Motocross-Maschinen in die USA exportiert worden sein.

Die wie auch die Geländemaschinen seit 1978 hierzulande unter der Marke »Sachs« angebotene MC 250 war eine solide Maschine. Die Zeitschrift »Motorrad« charakterisierte sie 1979 in einem Vergleichstest so: »An der Sachs ist alles Durchschnitt. Sie glänzt nicht durch überragende Fahreigen-

◀ *Parallel zur Entwicklung der Geländesportmaschinen erhielten auch die Motocrosser 1974 einen neuen Doppelrohrrahmen aus Chrom-Molybdän-Rohren. Abgesehen von der fehlenden Beleuchtung war der größte Unterschied zwischen »GS« und »MC« der 22 PS starke Motor mit eng abgestuftem Getriebe. Das Bild zeigt eine »125 MC« von 1975, die für Exportmärkte auch als »DKW« gebaut wurde.*

▲ *Mit Einführung der 7-Gang-Modelle gab es auch Versionen mit 125 und 250 Kubik für den Motocross-Einsatz. Unterschieden sich die MC-Modelle von den Geländesportmaschinen bisher in wesentlichen Details, so wurden die 1976er Modelle lediglich ohne Beleuchtung und Fahrzeugbrief ausgeliefert. Selbst der Kabelbaum für die Beleuchtung war bis zum Steuerkopf hin verlegt.*

▼ *Mit Blick auf den US-Markt wurden bei »Hercules« spezielle Motocrosser entwickelt. Das Foto zeigt einen 250-Kubik-Prototyp von 1976, der damals in den USA getestet wurde. Das »DKW«-Logo war mittlerweile Vergangenheit, »Hercules« trat in den USA zwischenzeitlich unter eigenem Namen auf. (Foto: Mike McGoowan)*

schaften oder leistungsfreudige Motor-Charakteristik, ist aber grundsolide gefertigt und einfach zu fahren. Das ideale Gefährt für den Motocross-Neuling«. Überdurchschnittlich wurden die Vorder- und Hinterradbremse bewertet, wobei letztere von »Husqvarna« stammte.

Trotz der Teilnahme an der Motocross-Weltmeisterschaft blieb der MC 250 der Verkaufserfolg versagt. Nicht einmal 500 Stück wurden von März 1978 bis April 1979 gebaut, bevor das Motocross-Intermezzo bei »Hercules« recht sang- und klanglos endete. Ein Motor mit 400 Kubik für die Halbliterklasse, der 43 PS leistete, wurde in einigen Exemplaren gebaut und von Werksfahrer Fritz Schneider eingesetzt, aller-

◀ *Dieser 250-Kubik-Prototyp von 1977 deutet schon das spätere Design an, allerdings waren Tank und Seitenverkleidungen noch aus Alu und der Rahmen war blau lackiert. Die »Hercules 250 MX« wurden in den USA von Frank Stacy und Danny Turner gefahren. Eine dieser Maschinen besitzt noch ein Sammler in Kalifornien.*

▼ *1978 wollte »Hercules« groß in den Motocross-Sport einsteigen und nahm Willy Bauer, 1973 Halbliter-Motocross-Vizeweltmeister hinter Roger De Coster (»Suzuki«), unter Vertrag. Seit einem tragischen Sturz beim Grand Prix von Schottland ist Willy Bauer querschnittsgelähmt. Hier präsentiert er die käufliche Version der »MC 250«.*

▲ *Schon recht seriennah war diese »Sachs MC 250«, die in den Verkaufsprospekten auftauchte. Von den Prototypen unterschied sie sich durch eine »Marzocchi«- statt »Ceriani«-Gabel und eine »Husqvarna«-Hinterradnabe. Zum Serienanlauf 1978 wich der Blechtank einem blauen Plastiktank.*

dings gab es nie einen käuflichen Halbliter-Crosser von »Hercules« bzw. »Sachs«. Nach Auslaufen der Produktion in Nürnberg wurden Motocross-Maschinen vom französischen Importeur »Nauder« gebaut und wie schon die »Perego Replica« über Ernst Brehm in Deutschland vertrieben.

SPORT AUF DER STRASSE

Der Straßenrennsport

Die »Königsdisziplin« im Motorradsport ist für viele zweifellos der Straßenrennsport. Seit den 1930er Jahren hat sich »Hercules« allerdings nicht mehr im Rennsport engagiert, abgesehen vom Einsatz der W2000 – Wankelmaschine im Langstreckenrennsport, die jedoch eher auf eine private Initiative zurückzuführen war. Die anfangs noch recht seriennahe Maschine mit Lüfterkühlung wurde zum ersten Mal 1975 im holländischen Zaandvort eingesetzt. Eine weiterentwickelte Version, die über eine wassergekühlte Trochoide verfügte und etwa 50 PS leistete, löste die luftgekühlte Version ab. Wegen einer Änderung im Reglement, wonach bei Wankel-Motoren das doppelte Kammervolumen zählte (2 x 294 Kubik), wurde die Wankel-Rennmaschine 1976 wie eine 600er eingestuft und musste in der 750-Kubik- bzw. 1000-Kubik-Klasse starten, wo sie natürlich genauso wie die Wankel-Geländemaschine hoffnungslos unterlegen war und später nicht mehr eingesetzt wurde, zumal Fichtel & Sachs sein Wankel-Engagement beendete.

▲ *Mit technischer Unterstützung von »Hercules« und »Sachs« wurde diese Wankel-Rennmaschine im Langstreckensport eingesetzt. Durch das technische Reglement war sie aber benachteiligt und damit den Konkurrenten mit deutlich mehr Hubraum deutlich unterlegen.*

▲ *1964 war ein erfolgreiches Jahr für die »Zweirad Union«. Neben dem Titelgewinn von Dieter Zörnig in der Geländemeisterschaft (75 cm³) wurde auch eine 50-Kubik-Straßenrennmaschine mit Drehschiebermotor eingesetzt, hier bestaunt von Nürnbergs populärem Bürgermeister Andreas Urschlechter (3. von rechts). Links neben ihm die Vorstände Heinz Tschech und Franz Ischinger.*

▲ *Ebenfalls auf privater Basis fuhr der Franzose Georges Monneret mit seiner »VAP Special Monneret« drei Rekorde für 50-Kubik-Maschinen über sechs und zwölf Stunden sowie über 1000 Kilometer ein. Die Rekordmaschine war auf Basis der »Hercules K 50« entstanden.*

Die »Zuvis«

»Hercules» war allerdings in einer anderen Straßensportart recht präsent und auch erfolgreich. Dabei handelte es sich um die »Rundstreckenzuverlässigkeitsfahrten«, von Insidern kurz »Zuvis« genannt. Der Ablauf war ähnlich einer Geländefahrt. Die eigentliche Zuverlässigkeitsfahrt, meist über 400 Kilometer nach Zeitvorgaben, wurde auf Rennstrecken wie der Nürburgring-Nordschleife oder dem Hockenheimring ausgetragen. Am Ende folgte dann die »Sprintrunde« auf Bestzeit. Die technischen Vorgaben waren recht restriktiv – die Vergasergröße musste dem Serienfahrzeug entsprechen, Änderungen an Auspuff und Luftfilter waren unzulässig, ansonsten mussten alle Änderungen in den Papieren eingetragen sein. Da bot sich natürlich eine Geländemaschine an, die neben

▲ *Die wohl erfolgreichste »Hercules« im »Zuvi-Sport« wurde von Karl-Heinz Jung pilotiert. »Der Schlot«, so Jungs Spitzname, der Bezirksschornsteinfegermeister war, wurde mit der 125er mehrmals Deutscher Meister.*

▶ *Als diese K 125 GS von 1972 ausgedient hatte, kam sie bei den «»Zuvis« zu neuen Ehren. Gussräder, eine Doppelscheibenbremse und kurze Lenkstummel ließen die stollenbereifte Basis kaum noch erahnen.*

▲ *Die einfache Lösung – eine 125 GS von 1975. Diese Maschine unterschied sich nur durch ein kleineres Vorderrad, eine längere Übersetzung sowie Blinker und Spiegel von der Offroad-Variante.*

einem größeren Vergaser auch einen leistungsoptimierten Luftfilter hatte und gegenüber einer Serienmaschine wie beispielsweise der »K 125 T« deutlich leistungsstärker war. Wer nur der Sportabzeichenpunkte wegen teilnahm, wechselte einfach das 21-Zoll-Vorderrad der GS gegen ein 18-Zoll-Rad aus und konnte so mit geringstem Aufwand sowohl auf der Straße als auch im Gelände mitfahren, manchmal sogar am gleichen Wochenende. Samstags auf dem Nürburgring, sonntags bei der »Mittelrheinischen« im nur wenige Kilometer entfernten Kempenich beispielsweise. »Hercules« unterstützte aber auch größere Umbauten mit Unbedenklichkeitsbescheinigungen, so dass die ehemaligen Geländemaschinen wie echte Straßenrenner daherkamen. Seit Mitte der 1970er Jahre hieß es dann »Deutsche Motorrad Rallyemeisterschaft«, bevor die ehemaligen »Zuvis« im Seriensport aufgingen.

▲ *Erfolgreiches Baukastensystem: Willi Meyer wurde auf dieser »125 GS« Deutscher Rallyemeister. In den Doppelrohrrahmen von 1975 wurde die Gabel der »W 2000«» eingebaut, hinten federten die damals hochmodernen »Sachs Hydrocross«-Stoßdämpfer, die Verkleidung stammte von einer »Yamaha TZ«.*

Der »Hercules-Sachs-Cup«

In den frühen 1980er Jahren sprossen Marken-Cups wie Pilze aus dem Boden. Nachdem »Maico«, »Yamaha« oder »Ducati« 1981 mit ihren Cups vorgelegt hatten und auch in Österreich auf Initiative von Sachs Österreich-Geschäftsführer Erwin Lechner, in den 1950er Jahren mehrfacher österreichischer Staatsmeister auf »KTM«, der »Sachs Cup« ins Leben gerufen wurde, konnte natürlich das Nürnberger Mutterhaus nicht zurückstehen und plante für 1982 auch in Deutschland den »Hercules-Sachs Cup«. 50 identische Motorräder entstanden auf Basis der »Ultra II LC«, die mit getunten Motoren etwa 12 PS leisteten und 120 km/h schnell waren.

Mit den einheitlichen weißen Rennverkleidungen war die »Cup-Hercules« tatsächlich eine richtige kleine Rennmaschine. Aber während der Cup in Österreich derart erfolgreich gewesen war, dass für 1982 sogar eine 125-Kubik-Cup-Maschine zum Einsatz kam, ließ das Interesse der Nachwuchs-Racer in Deutschland doch arg zu wünschen übrig, obwohl Toni Mang gerade erst Doppelweltmeister in der 250er und 350er Klasse geworden war. Um den Cup dennoch mit einem vollen Starterfeld durchführen zu können, bot die Firmenleitung Lehrlingen von »Hercules« in Nürnberg und von »Fichtel & Sachs« in Schweinfurt an, die noch unbesetzten Maschinen kostenlos zu fahren, was dann logischerweise auch zur entsprechenden Resonanz führte.

▲ *Die Cup-Teilnehmer warten im alten Fahrerlager des Nürburgrings auf den Start.* (Foto: Ernst Brehm)

Die Läufe zum »Hercules-Sachs Cup« wurden im Rahmenprogramm der Deutschen Straßen-Meisterschaftsläufe ausgerichtet und die fünfzig Fahrer in der blau-gelben Lederkombi auf ihren weißen Rennern verschafften »Hercules« dann doch noch die gewünschte Aufmerksamkeit, so dass der Cup auch im folgenden Jahr ausgerichtet wurde. Organisiert und durchgeführt wurde der Cup vom »Hercules«-Händler Ernst Brehm aus Roßdorf bei Darmstadt, der 1977 schon den Renndienst von »Hercules« übernommen hatte. »Hercules«-Sportbetreuer Günther Dotterweich, selbst ein erfolgreicher Geländesportler und auch ein schneller Mann auf der Straße, erinnert sich, dass unter den Cup-Teilnehmern einige sehr talentierte Fahrer waren, beispielsweise Adi Stadler, der 1987 125-Kubik-Europameister wurde, oder auch Stefan Prein, 1990 WM-Dritter in der Achtelliter-Klasse. Nach 1983 wurde der Cup nicht mehr ausgerichtet.

▲ *Erwin Lechner, der »Sachs«-Statthalter in Österreich, gilt als der Vater der »Cup-Hercules«. Nach dem 50-Kubik-Renner entstand für 1982 in Zusammenarbeit mit Rennfahrer Hans Hummel eine 26 PS starke Version mit 125 Kubik auf Basis der Achtziger. Die Zeitschrift »Motorrad« spekulierte damals sogar über eine zulassungsfähige 125er, die es allerdings nie gegeben hat.*

Kapitel 5

MOBILE NÜRNBERGER TRADITION – DIE OLDTIMERSZENE

DIE MARKENCLUBS

Wenn von einem »Oldtimer« die Rede ist, fallen einem neben den über 100 Jahre alten Motorrädern aus der Pionierzeit häufig zuerst die großen und hochpreisigen Viertakter wie Horex oder die BMW-Schwingenmotorräder ein. Dabei gibt es auch eine recht lebhafte Szene für die Alltagsfahrzeuge insbesondere aus den 1960er und 1970er Jahren. Einer der Gründe dafür ist sicherlich, dass viele heute in einem Alter sind, in dem sie sich einen alten Traum erfüllen können oder ihre alte »Fünfziger«, mit der viele schöne Erinnerungen aus der Jugendzeit verbunden sind, wieder in die Garage stellen wollen. Hinzu kommt, dass die Motorräder sich preislich noch einigermaßen im Rahmen halten und die Ersatzteilversorgung verhältnismäßig gut ist. Die Motorräder der 1950er Jahre hingegen sind schon eher Sammlerstücke, denn die Fahrer von einst sind heute 80 Jahre und älter. Nach deutschem Recht ist aber nicht jedes alte Liebhaberfahrzeug ein »Oldtimer«, denn die Fahrzeugzulassungsverordnung klärt in § 2, dass »Oldtimer« nur diejenigen Fahrzeuge sind, »die vor mindestens 30 Jahren erstmals in den Verkehr gekommen sind, weitestgehend dem Originalzustand entsprechen, in einem guten Erhaltungszustand sind und zur Pflege des kraftfahrzeugtechnischen Kulturgutes dienen«. Dass es da eine gewisse Grauzone gibt, weil ein über 30 Jahre altes Fahrzeug, das nie zugelassen war wie beispielsweise die Hercules-Scheunenfunde von 2005 (Kapitel 3, Seite 147), rein rechtlich kein Oldtimer ist, dürfte den Liebhabern jedoch recht gleichgültig sein.

An dieser Stelle sollen die wichtigsten Interessengemeinschaften kurz vorgestellt werden, bei denen Liebhaber der Nürnberger Oldies Gleichgesinnte treffen können und Hilfe finden.

Hercules Interessengemeinschaft e.V.

Um die in diesem Buch behandelten Hercules-Modelle kümmert sich seit 1993 die »Hercules-Interessengemeinschaft e.V.«, die mittlerweile über 750 Mitglieder aus dem In- und Ausland zählt. Typreferenten betreuen die verschiedenen Modellreihen von den Vorkriegsmaschinen bis hin zu den Leichtkrafträdern aus den 1980er Jahren. Auch Besitzer der »W 2000« und von »Zweirad Union«-Fahrzeugen mit Sachs-Motor finden hier einen Ansprechpartner. Dreimal im Jahr erscheint die 72-seitige Vereinszeitschrift »Hercules-Rundbrief«, dazu sind die »Techniker« unter den Hercules-Freunden recht rührig, was Nachfertigungsaktionen gesuchter Ersatzteile betrifft. Neben zahlreichen regionalen »Hercules-Stammtischen« findet im Sommer das »IG-Treffen« an unterschiedlichen Orten in Deutschland statt, während die Mitgliederversammlung zum Saisonschluss traditionell als »Novembertreffen« im Motorradmuseum Wirzenborn im Westerwald ausgerichtet wird.

https://herculesig.de/

IG Hercules W 2000

Noch zehn Jahre länger als bei der »Hercules-IG« liegen die Ursprünge der »IG Hercules W 2000« zurück, wenn die offizielle Gründung der IG auch erst einige Jahre später erfolgte. 1983 organisierten Freunde der »Drehkolben-Hercules« eine Sternfahrt nach Neckarsulm zum Deutschen Zweirad-Museum, es wurde eine Adressliste der »W 2000«-Besitzer erstellt und die Treffen fanden nun in jedem Jahr statt. Als »Fichtel & Sachs« und »Hercules« Ende 1986 die Ersatzteillager der W 2000 räumten, organisierte sich der bisher lockere Freundeskreis Anfang 1987 zur »IG W 2000« und übernahm die Ersatzteilversorgung. Neben der unregelmäßig erscheinenden Mitgliederzeitung »Wankel News« gibt es bis heute regelmäßige Jahrestreffen, teilweise zusammen mit der befreundeten »Hercules-IG« organisiert.

http://www.hercules-wankel-ig.de

Sachs-Biker IG

Man mag es kaum glauben, aber die ersten Motorräder aus der Ära der »Sachs Fahrzeug- und Motorentechnik« werden in wenigen Jahren bereits ein Vierteljahrhundert alt. Obwohl es noch einige Zeit dauern wird, bis wir die ersten Roadster oder Bigroadster mit Oldtimerkennzeichen auf den Straßen sehen werden, hat sich vor einigen Jahren die »Sachs-Biker IG« gegründet, die sich um die Roadster-Modelle von der 125er mit Yamaha V2-Motor bis hin zur Sonderserie »b-805« kümmert. Neben einem jährlichen Treffen in der Eifel erhalten die »Youngtimer-Freunde« hier auch Hilfe bei der Ersatzteilsuche.

http://www.sachs-biker.de/

Neben diesen beispielhaft aufgeführten Interessengemeinschaften gibt es natürlich eine Vielzahl von markenunabhängigen Veteranen- und Oldtimerclubs, wo man ebenfalls Kontakt zu Gleichgesinnten findet, allerdings würde eine Aufzählung den Rahmen dieses Buches genauso sprengen wie eine Auflistung der zahlreichen gewerblichen Ersatzteilhändler. Hier sei auf das Internet hingewiesen, wo eine entsprechende Suche mit Sicherheit erfolgversprechend ist.

Nürnberger Oldies heute

Weil die Oldies von »Hercules« oder der »Zweirad Union« mittlerweile bis auf wenige Ausnahmen fast völlig aus dem Straßenbild verschwunden sind, sollen an dieser Stelle einige Fahrzeuge aus den verschiedenen Epochen beispielhaft vorgestellt werden, die sich im gezeigten Zustand in der Hand von Liebhabern befinden und alle fahrbereit sind. Gelegentlich kann man sie bei Oldtimertreffen oder sogar bei Klassik-Geländefahrten in Aktion erleben. Neben Motorrädern im Neuzustand sind die teilweise weit über ein halbes Jahrhundert alten Schätzchen im Originalzustand mit schöner Patina besonders wertvoll.

▲ *Rarität aus der »Printenstadt«. Dieser »Fafnir«-Motor wurde 1906 in Aachen gebaut und damals von vielen Herstellern, darunter auch »Hercules« oder »Victoria«, eingebaut.* (Foto: Heiner Brinkmann)

▲ *Die Motoräder von »Hercules« und der »Zweirad Union« verstauben nicht im Museum, sondern sind bei den zahlreichen Oldtimerfahrten in Aktion zu bewundern* (Foto: Hercules IG e.V.)

▲ *Über 80 Jahre ist diese »K 200 JAP« alt und befindet sich immer noch im fahrbereiten Originalzustand. Dieses Schmuckstück zu restaurieren wäre ein Frevel.*

(Foto: Heiner Brinkmann)

▲ *Recht luxuriös sah die »Hercules 320« mit rot lackiertem Chromtank und zweifarbiger Sitzbank aus, die ab 1953 mit Hinterradschwinge gebaut wurde.* (Foto: Norbert Daum)

▲ *Bis 1957 baute »Hercules« auch Motorräder mit »JLO«-Motoren. Das Bild zeigt eine »Hercules 314« mit 175 Kubik-JLO-Motor von 1952.* (Foto: Hercules IG e.V.)

▲ *Die »Victoria Avanti« gab es in den 1950er Jahren zuerst als rassiges Moped, später auch als Kleinkraftrad. Die von der »Zweirad Union« gebauten Modelle wie diese »Avanti K« von 1961 erkennt man an der geschobenen Vorderschwinge.* (Foto: Andreas Zwirner)

▼ *Die »DKW Violetta« ist das Parallelmodell zur »Avanti«. Diese über 60 Jahre alte wunderschöne Maschine mit gebläsegekühltem Motor befindet sich im absoluten Originalzustand und ist natürlich fahrbereit.* (Foto: Andreas Zwirner)

◀ *Als »Replica« der siegreichen Maschine von Lenz Müller, des Deutschen Geländemeisters von 1960, wurde diese »K 175 GS« angepriesen. Obwohl damals eine Kleinserie gebaut wurde, ist diese Geländemaschine heute äußerst selten.* (Foto: Norbert Daum)

◀ *Gleich zwei »Hummeln« in der damals populären Farbgebung in Beige und Rot sind auf diesem Bild zu sehen. Der »Typ 166»« wurde von 1963 bis 1966 gebaut.* (Foto: Andreas Zwirner)

▶ *Der Doppelrohrrahmen dieser »Victoria GS 50« von 1965 stand Pate für die späteren Fahrgestelle der Kleinkrafträder vom »Typ 159«. Diese restaurierte Rarität ist fahrbereit, wird allerdings nicht bei Klassik-Geländefahrten geschunden.*
(Foto: Leo Keller)

▲ *Eine »Prior K 50 S« von 1965, das Exportmodell der »Hercules K 50 S«, bei einem Ausflug auf den Furkapass.* (Foto: Hercules IG e.V.)

▲ *Mit Hundertern wie dieser »K 103 S« von 1965 hielt »Hercules« auch in den 1960ern dem Motorrad die Treue.* (Foto: Hercules IG e.V.)

▲ *Diese »DKW 159 TS« von 1966/67 in der Farbgebung Cognac-Rot-Chrom befindet sich im absoluten Originalzustand. Lediglich die Felgen wurden erneuert und die Sitzbank neu bezogen. Der Rest ist wie ab Werk.* (Foto: Andreas Zwirner)

▲ *Kein Original, sondern eine Kopie ist diese »DKW GS 50« von 1967. Ein belgischer »Zweirad Union«-Fan erfüllte sich einen Traum und baute mit beträchtlichem Aufwand diese originalgetreue Replica.*

▲ *Nach hartem Einsatz, zuletzt bei Klassik-Geländefahrten, befindet sich diese »K 125 GS« von 1972 heute wieder in der Hand ihres einstigen Erstbesitzers.* (Foto: Leo Keller)

▲ *Die »DKW 159 Jet« ist heute noch voll alltagstauglich. Das Kleinkraftrad wurde ein halbes Jahrhundert lang gehegt und gepflegt und befindet sich noch in einem tollen Zustand.* (Foto: Hercules IG e.V.)

▲ *Für viele die beste Geländemaschine von »Hercules« – die »GS 125« von 1975 mit leichtem Doppelrohrrahmen und kräftigem Motor.* (Foto: Valentin Jacobs)

▼ *Kleine Feuerwehr – wenn man sich diese wassergekühlte Ultra LC anschaut, weiß man, wie das Feuerzeug zu seinem Namen gekommen ist.* (Foto: Hercules IG e.V.)

◄ *Die 1980er Jahre waren die Zeit der 80-Kubik-Leichtkrafträder. Für die Top-Modelle wurde der Name »Ultra« beibehalten. Das Bild zeigt eine luftgekühlte »Ultra 80 AC«.* (Foto: Hercules IG e.V.)

◀ *Optisch erinnert die elegante Linie an die erste Ultra von 1976, allerdings ist die »Supra 4 GP« ein einfach ausgestattetes Mokick mit 40 km/h Höchstgeschwindigkeit.* (Foto: Hercules IG e.V.)

◀ *Die »Ultra RS 80« war die zulassungsfähige Version der »Cup-Hercules«. Die auf dem Bild gezeigte »RS« ist nigelnagelneu.* (Foto: Hercules IG e.V.)

◣ *Ein richtiges Motorrad ist diese »RX 9 Replica« mit komfortabel gepolsterter Sitzbank, rahmenfesten Soziusrasten und einer zweiteiligen Verkleidung in der Farbgebung der österreichischen Cup-Maschinen.* (Foto: Hercules IG e.V.)

▼ *Die »KX 5« stellt den Höhepunkt der »Hercules-Mokicks« dar. Mit Drehzahlmesser, sportlicher Doppelsitzbank und Fünfgang-Getriebe steht sie auf dem Niveau der Kleinkrafträder aus den 1970er Jahren, allerdings ist sie nur 40 km/h schnell.* (Foto: Hercules IG e.V.)

Kapitel 6

EIN GROSSER NAME VERSCHWINDET

Im Juni 2006, ausgerechnet zum 120-jährigen Firmenjubiläum, musste die »Sachs Fahrzeug- und Motorentechnik GmbH« beim Amtsgericht Nürnberg Insolvenz anmelden, weil sie die Pensionszahlungen für 64 Mitarbeiter, denen 2005 durch die Schließung der Fertigungs- und Entwicklungsabteilung gekündigt wurde, nicht mehr bezahlen konnte. Schuld an der ganzen Misere waren zwei asiatische Unternehmen, wie die Welt am Sonntag in der Ausgabe vom 9.7.2006 berichtete. Anfang 2006 hatte die Investorengruppe »New Superior« aus Hongkong 99,5 % des Nürnberger Unternehmens übernommen, da die Produktion größtenteils nach China verlegt worden war. Weil der Investor aber nicht mit dem taiwanesischen Motorroller-Hersteller San Yang (Marke »SYM«) zusammenarbeitete, belieferte das Unternehmen aus Taiwan die Nürnberger nicht mehr, die zuletzt jährlich bis zu 9000 SYM-Roller auf dem europäischen Markt absetzen konnten. Es war aber klar, dass sich ein neuer Investor allenfalls in Ostasien finden ließ, zumal in Nürnberg nur noch Vertrieb und Marketing angesiedelt waren. Zum 1. Januar 2007 konnte das bisherige Management die Firma übernehmen und den Betrieb zumindest fortführen.

Der nächste große Einschnitt erfolgte schon 2008. Die Nutzung des Namens »Sachs« war beim Verkauf der Motorfahrzeugsparte durch »Mannesmann Sachs« nur für eine Übergangsfrist vereinbart worden, weil die Marke vom Eigentümer »ZF Sachs« auch für eigene Geschäftsfelder genutzt wurde. Die »Sachs Fahrzeug- und Motorentechnik GmbH« wurde ab Oktober unter der Bezeichnung »SFM GmbH« weitergeführt. Kurz darauf gab »SFM« die Gebäude im »Herkules-Park« auf und zog nach Nürnberg-Katzwang. Heute erinnern im »Herkules-Park« nur noch die »Carl-Marschütz-Straße« und die »Ernst-Sachs-Straße« an die große Vergangenheit. Etwas wehmütig stimmt da schon die Tatsache, dass zumindest Nürnbergs größter Fahrradhändler im »Herkules-Park« noch »Hercules-Fahrräder« verkauft, die aber schon lange im Ausland gebaut werden.

Bis 2011 klebte noch das »Sachs Bikes«-Logo an den Tanks verschiedener 125er mit Viertakt-Motoren, die außer den Modellbezeichnungen ZX, ZZ oder Roadster aber keine Gemeinsamkeiten mehr mit den gleichnamigen Bikes der späten 1990er Jahre hatten.

Es wurden in Übersee ebenfalls noch eine Zeit lang Motorräder als »Sachs Bikes« verkauft, allerdings hat es da bei der Entwicklung keinen deutschen Einfluss mehr gegeben. Nach der Insolvenz von »FYM«, dem chinesischen Hersteller der »Sachs Bikes«, wurde die Firma von einer Auffanggesellschaft weitergeführt und hat hauptsächlich die »MadAss« und die »X-Road« für den asiatischen und australischen Markt weiterproduziert. Dazu kamen weitere Modelle wie die »X-Road 250« oder die »KickAss«, die ebenfalls als »Sachs Bikes« verkauft wurden. Auch die ehemaligen Sachs-Importeure in Indonesien und Thailand vertrieben modifizierte »Sachs Bikes«-Modelle unter dem »Sachs«-Label. Die »Sachs KickAss« war eine Art »Pitbike« mit 12 Zoll kleinen Rädern und 120-Kubik-Viertaktmotor, das wie eine Kreuzung aus »X-Road« und »MadAss« aussah. Wenn auch Namen und Designkompo-

▲ *Sie erinnerte ein wenig an frühe »Monster«-Modelle von »Ducati«, war aber im Gegensatz zu den Italienerinnen mit 17 PS recht minimalistisch motorisiert. Die in China gebaute »X-Road 250« wurde in Deutschland nicht angeboten. Das Bild entstand 2010 auf der Intermot.*

(Foto: Leo Keller)

nenten dem «Target Design» ähnelten, basierte die »KickAss« ursprünglich auf einem Entwurf von Leopoldo Tartarini, dem Sohn des »Italjet«-Besitzers und erhielt erst später Komponenten wie die Lampenhalter-/Scheinwerfereinheit, die exakt dem entsprach, was »Target Design« damals für »Sachs« entworfen hatte.
Nach wirtschaftlichen Turbulenzen und Zahlungsausfällen des niederländischen Importeurs musste »SFM« Ende November 2013 beim Amtsgericht Nürnberg Insolvenzantrag stellen, der Vertrieb von Fahrzeugen und Ersatzteilen lief aber wie bisher über das Partnerunternehmen »SFM Bikes Distribution GmbH« unverändert weiter.

▲ *Im Prospekt für 2011 fanden sich neben zahlreichen Rollern auch diverse 125er wie »MadAss«, »Roadster«, »ZZ Supermoto« oder »ZX Enduro«. Das Coverfoto war da sicher spektakulärer als die Leistung der Bikes, die bei maximal 11 PS lag.*

Die »SFM Bikes Distribution GmbH«, die auf ihrer Webseite mit »Zweirad-Mobilität seit 1886« wirbt, hat sich heute auf Zweiräder mit Elektroantrieb spezialisiert und bietet unter den Marken »Saxonette«, »Saxxx« und »SFM Bikes« verschiedene Roller und E-Bikes an, die in China gebaut werden. Allerdings, und das muss der Ehrlichkeit halber gesagt werden, ist »SFM« auf deutschen Straßen kaum wahrnehmbar.

EIN BLICK IN DIE ZUKUNFT

Aufhorchen ließ hingegen auf der Mailänder Motorradmesse EICMA November 2019 die neue »Victoria Motorrad GmbH« mit Firmensitz an der gleichen Anschrift wie »SFM Bikes Distribution«. Als erstes Modell der wiederbelebten Marke wurde auf der Messe ein Roller namens »Nicky« im 1950er Jahre-Retro-Design präsentiert, den es zukünftig in verschiedenen Varianten von 50 bis 300 Kubik geben soll. Natürlich wird der Roller nicht in Nürnberg, sondern in China gebaut. Wenn Preis und Verarbeitung stimmen, wäre sicher auch in Deutschland ein Markt für den neuen Nicky, zumal er anders als die »SFM Bikes« unter einem klangvollen Namen mit großer Historie angeboten wird. Und auch »richtige« Motorräder soll es in Zukunft wieder geben. Ein 650 Kubik-V-Motor läuft schon auf dem Prüfstand, allerdings nicht in der Nürnberger Strawinskystraße, sondern ebenfalls im fernen China.

Es bleibt zu hoffen, dass Victoria nicht in der Bedeutungslosigkeit verschwindet, bevor es überhaupt erst richtig losgegangen ist. Bis dahin gilt es, auf »Die Rückkehr einer Legende« zu warten, so wie das auf der Webseite der »Victoria Motorrad GmbH« angekündigt wird.

▲ *»Die Rückkehr einer Legende« – im Internet wird der Retro-Roller »Victoria Nicky« angekündigt, der in der Tradition des »Ur-Nicky« von 1955 stehen soll.* (Foto: Screenshot)

▲ *Nett anzusehen ist der Vergleich, wie man sich heute die 1950er Jahre vorstellt und wie es damals wirklich war, wenn auch Stöckelschuhe sicher nicht die passende Bekleidung für den »Nicky«-Roller von 1955 waren.*

Kapitel 7

DANK UND QUELLENANGABEN

Dank

Für die Unterstützung mit Rat und Tat bedanke ich mich bei:

Ernst Brehm
Heiner Brinkmann
Heinz Brinkmann
Norbert Daum
Günther Dotterweich
Dr. C. Soldan
Hercules-Interessengemeinschaft e.V.
Hartmut Huhn
Rolf Klug
Museum Industriekultur Nürnberg
Nicole Reidinger
Mark Reul
Karlheinz Summerer
Andy Schwietzer
Tao Wang
Target Design
Arnulf Teuchert
Rolf Witthöft
Andreas Zwirner

Quellen/Literatur

Ernst Bäumler, Fortschritt und Sicherheit – der Weg des Werkes Fichtel & Sachs, Mercator-Verlag

Norbert Daum, Thomas Reinwald, Hercules-Motorräder, Johann Kleine-Vennekate-Verlag

Norbert Daum, Sachs – Motorisierte Zweiräder, Schrader-Verlag

Leo Keller, KTM-Motorräder seit 1953, Motorbuch-Verlag

Leo Keller, Typenkompass Enduros & Geländemotorräder, Motorbuch-Verlag

Andy Schwietzer, Typenkompass Hercules/Sachs, Motorbuch-Verlag

Jörg Sprengelmeyer, DKW – Motorräder aus Ingolstadt, Johann Kleine-Vennekate-Verlag

Siegfried Rauch, DKW – Die Geschichte einer Weltmarke, Motorbuch-Verlag

Ein Jahrhundert für zwei Räder, Festschrift 100 Jahre Hercules

Typentafeln des Reichsverbandes der Automobilindustrie, 22. Auflage 1934